硬质景观细部处理手册

HARD LANDSCAPE DETAILS MANUAL

杨华　著

中国建筑工业出版社

图书在版编目（CIP）数据

硬质景观细部处理手册 / 杨华著 .—北京：中国建筑工业出版社，2013.10

ISBN 978-7-112-15782-2

Ⅰ．①硬… Ⅱ．①杨… Ⅲ．①景观—工程施工—技术手册 Ⅳ．① TU986.3-62

中国版本图书馆 CIP 数据核字（2013）第 203763 号

本书通过理论与实践相结合的方式将设计图纸与施工现场相比较，分析研究景观在前期设计阶段和后期施工过程中常见的细部处理手法，以满足效果为出发点，注重经济适用性和施工便捷性来推敲研究各节点实施的可行性。

本书从硬质景观的材料选样开始到地面铺装、墙体饰面、景观构筑物、景观水景、台阶、停车位、景石、铁艺、木作到综合管线等一系列细部处理的介绍，涉及的施工工艺和细部节点供各位读者参考借鉴。

本书适合从事景观设计行业的甲乙方设计师以及各景观建设、施工管理等相关人员参考，也可作为高等院校景观设计专业师生参考用书。

责任编辑：滕云飞

责任校对：姜小莲　刘　钰

硬质景观细部处理手册

杨华　著

*

中国建筑工业出版社出版、发行（北京西郊百万庄）

各地新华书店、建筑书店经销

北京京点图文设计有限公司制版

北京方嘉彩色印刷有限责任公司印刷

*

开本：880×1230毫米　1/16　印张：8½　字数：250千字

2013年10月第一版　2017年8月第五次印刷

定价：60.00元

ISBN 978-7-112-15782-2

（24556）

设计可以天马行空，但现场必须脚踏实地
设计赋予项目灵魂，而现场赋予项目生命
灵魂可以虚无缥缈，但生命却是真切实际
细节是魔鬼，品质造就财富
大道当然，精细致远
谨以此与各位共勉

自序

2008 年 5 月一个偶然的机会我转行加入了甲方行列，当初的想法很简单，就想去开发商那看看，为什么前期在设计阶段推敲那么久的方案到了现场总会有不尽人意的地方，实施出来的效果跟设计之初的愿望反差那么大，在方案落地的过程中会发生什么样的事情。当初给自己定的时间是在甲方干 3 年，3 年里去熟悉项目从方案到落地的整个过程，加强现场实战能力再看能否找到这些问题的答案，然后再重返设计。

现今 5 年过去了，还在担任甲方设计师的角色，这是否与我当初制定的目标是两个截然不同的方向，或者说是两个完全不同的职业发展道路，其实不然。10年的从业经历使我对甲方乙方有了更清楚的认识。记得有次跟朋友聊天谈到这个话题，3 年已过什么时候回来做设计？我说，我从未离开过，只是现在在甲方考虑问题的出发点和着重点跟以前在设计院不一样，乙方强调方案创意和设计效果，而甲方着重于设计管理，要综合项目定位、市场、成本等诸多因素去考虑方案的可实施性。一个项目要获得成功离不开甲乙方的共同努力，在设计过程中双方要勤于沟通，设计就是一个沟通的过程，双方在沟通的过程中找到问题的最佳解决方案。

这本书的前身是一个 PPT 的文件，每个项目景观完工后基本上都会做一个总结，回顾从项目过程到现场施工过程中的点滴，梳理一些可供后续项目参考的案例和经验，这个 PPT 就是从若干个项目总结中经过筛选而提炼出来的一个景观细部处理案例库，内容是从前期设计审图阶段对细部节点的推敲到后期现场施工过程中每个问题的解决方案。原本 PPT 成果只想在公司内部做一个经验分享，一次偶然机会朋友看到这个成果后提议说你为什么不考虑将成果以书的形式出版呢，这样可以让更多的人来分享你的经验，对于设计院的同行来讲，他们缺的是实战经验，对于开发商的同行而言缺的是沟通交流。所言极是，目前市面上关于景观设计的书籍非常的多，但绝大多数都是偏理论和成果展示，很少有书籍关注景观从设计到现场实施这个过程，更缺少对这个过程中发生的各项问题进行梳理、分析和汇总。

从目前整个行业发展水平来看，甲方对于专业人才的迫切度远比乙方需求要大，从某种程度上来讲，甲方专业了，才能很大程度上促进整个行业的健康发展和提高。为此，本人以一个甲方设计师的角度将日常项目设计管理和实施过程中对景观细部研究的一些心得和体会总结成册，向各位同行抛砖引玉，期待沟通探讨，共同提高。

杨华
2013 年 7 月 1 日 于苏州

目录 CONTENTS

PART 01 硬质景观材料

- 常见硬质景观材料分类
- 常见硬质景观材料分类——花岗石
- 常见硬质景观材料分类——景观砖
- 常见硬质景观材料分类——防腐木
- 花岗岩不同饰面效果
- 如何辨别染色石材
- 材料小样与样板段

常见硬质景观材料分类　　表 1-1-1

分类	色系	常见品类	常用规格	备注
石材	黑色	丰镇黑、蒙古黑、芝麻黑、黑金沙等	1. 出厂规格一般以 600 的模数为主，设计规格可据此进行深化 2. 人行路面石材厚度控制在 2~3cm（烧面 2cm，荔枝面 3cm） 3. 车行路面石材厚度控制在 5cm 以上，如果用在小区入口等车流量较大的地方建议在 8~10cm	1. 丰镇黑、蒙古黑均以产地命名；芝麻黑又叫 654（国家标准石材分类编号），原产地福建；黑金沙原产印度，有大金沙和小金沙之分，光面效果突出，常用于景墙和水景作饰面 2. 锈石系列烧面和荔枝面的颜色差别较大，烧面偏红，荔枝面偏白 3. 红色系列里富贵红颜色较为纯正，紫红麻偏暗
	灰色	芝麻白、山东白麻等		
	黄色	莆田锈、黄金麻、黄锈石、黄木纹等		
	红色	富贵红、紫红麻、天山红、金典红等		
	绿色	森林绿、绿板岩等		
砖类	各色	烧结砖、渗水砖、陶土砖、青砖、仿石砖等	可根据强度和设计需求加工成厚 4~6cm 等不同规格的产品	1. 烧结砖以黏土、页岩、煤灰等为原料经成型和高温烧制而成 2. 陶土砖以黏土为主要成分，可根据需要添加其他矿物元素生产多种色彩的砖品，质感细腻、色泽均匀 3. 渗水砖主要采用水泥、碎石再添加一定比例的透水剂而制成的混凝土制品，具有良好的透水和透气性能 4. 仿石砖是利用混凝土加金刚砂或颜料仿造天然石材的颜色、纹理加工而成，外观石材效果较为逼真，与同等规格的天然石材相比，价格要便宜近 50%
防腐木		菠萝格、柳桉木、巴劳木、南方松、芬兰木、塑木等		1. 天然木材中菠萝格、巴劳木性能较为稳定，柳桉木相比容易变形，南方松性价比最高 2. 塑木是以植物纤维为主原料加以塑料合成的一种新型复合材料，同时具备植物纤维和塑料的优点，适用范围广泛，具有防火、抗腐、耐潮湿等优良性能
其他		水洗石、鹅卵石、马赛克、不锈钢板等		应用较为灵活，可以根据不同设计效果作为地面或墙面的装饰材料
注：以上材料名称各地叫法不一可能会存在一些出入				

图 1-1-1　常见花岗石品种

图 1-1-2　大面富贵红铺装效果【苏州玲珑湾】

图 1-1-3　自然面黄锈石铺设的园路【苏州玲珑湾】

图 1-1-4　荔枝面黄锈石与烧面中国黑铺装效果【日本 MIDTOWN】

图 1-1-5　金典红与烧面 654# 铺装效果【苏州万科城】

图 1-1-6　荔枝面黄金麻、芝麻黑、芝麻白组合图案【香港九龙站】

图 1-1-7　芝麻白、芝麻黑、森林绿组合图案【苏州金湖湾】

图 1-1-1

图 1-1-2

图 1-1-3

图 1-1-4

图 1-1-5

图 1-1-6

图 1-1-7

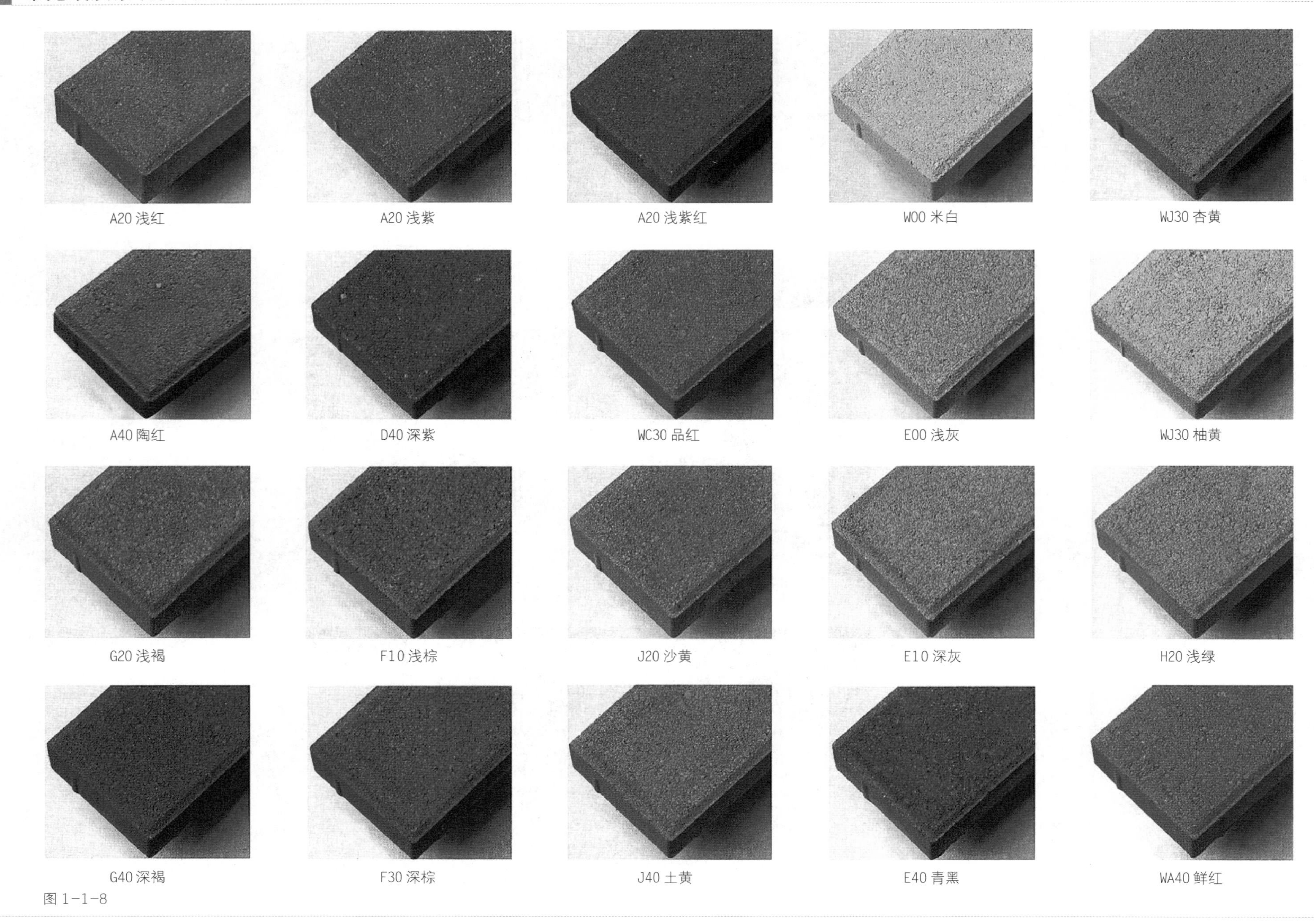
A20 浅红
A20 浅紫
A20 浅紫红
W00 米白
WJ30 杏黄
A40 陶红
D40 深紫
WC30 品红
E00 浅灰
WJ30 柚黄
G20 浅褐
F10 浅棕
J20 沙黄
E10 深灰
H20 浅绿
G40 深褐
F30 深棕
J40 土黄
E40 青黑
WA40 鲜红

图 1-1-8

图 1-1-9

图 1-1-10

图 1-1-12

图 1-1-11

图 1-1-13

图 1-1-8　常用景观砖颜色分类

图 1-1-9　常用青砖材料

图 1-1-10　红色烧结砖铺装园路【苏州金域缇香】

图 1-1-11　烧结砖铺装效果【上海金地艺境】

图 1-1-12　青砖铺装效果【无锡信成道】

图 1-1-13　青砖与枫叶【无锡信成道】

图 1-1-14

图 1-1-15-1

图 1-1-15-2

图 1-1-15-3

菠萝格，质量硬强度高，耐腐蚀，稳定性好变形小；芬兰木木质坚硬，纹理匀称笔直，树结小而少；巴劳木产地马来西亚和印度尼西亚，耐磨性好，开裂少，原木无需化学处理可长期用于户外使用，浅至中褐色，部分微黄，时间长久可渐变为银灰和古铜色；南方松是最常用的防腐木之一，木材纹理清晰具有良好的握钉力，但耐候性相对较差，变形伸缩较大；樟子松质地细腻、纹理通直，经防腐处理后，能有效地防止霉菌、白蚁侵蛀；竹木是将原竹通过现代机械化的蒸、煮、漂白等高温杀菌处理后，加工成集成板材；塑木是以植物纤维为主原料与塑料合成的一种新型复合材料，具备实木地板良好的亲和性又防潮、耐酸碱，且热胀冷缩系数小，是一种极具发展前途的绿色塑木材料。

图 1-1-14　常见防腐木种类

图 1-1-15　不同类型防腐木平台

图 1-1-16　金丝柚木做成的弧形坐凳【苏州万科城】

项　　目：苏州．万科城
景观设计：杭州安道　景观软装：上海陌上
照片提供：上海陌上

图 1-1-16

花岗岩不同饰面效果

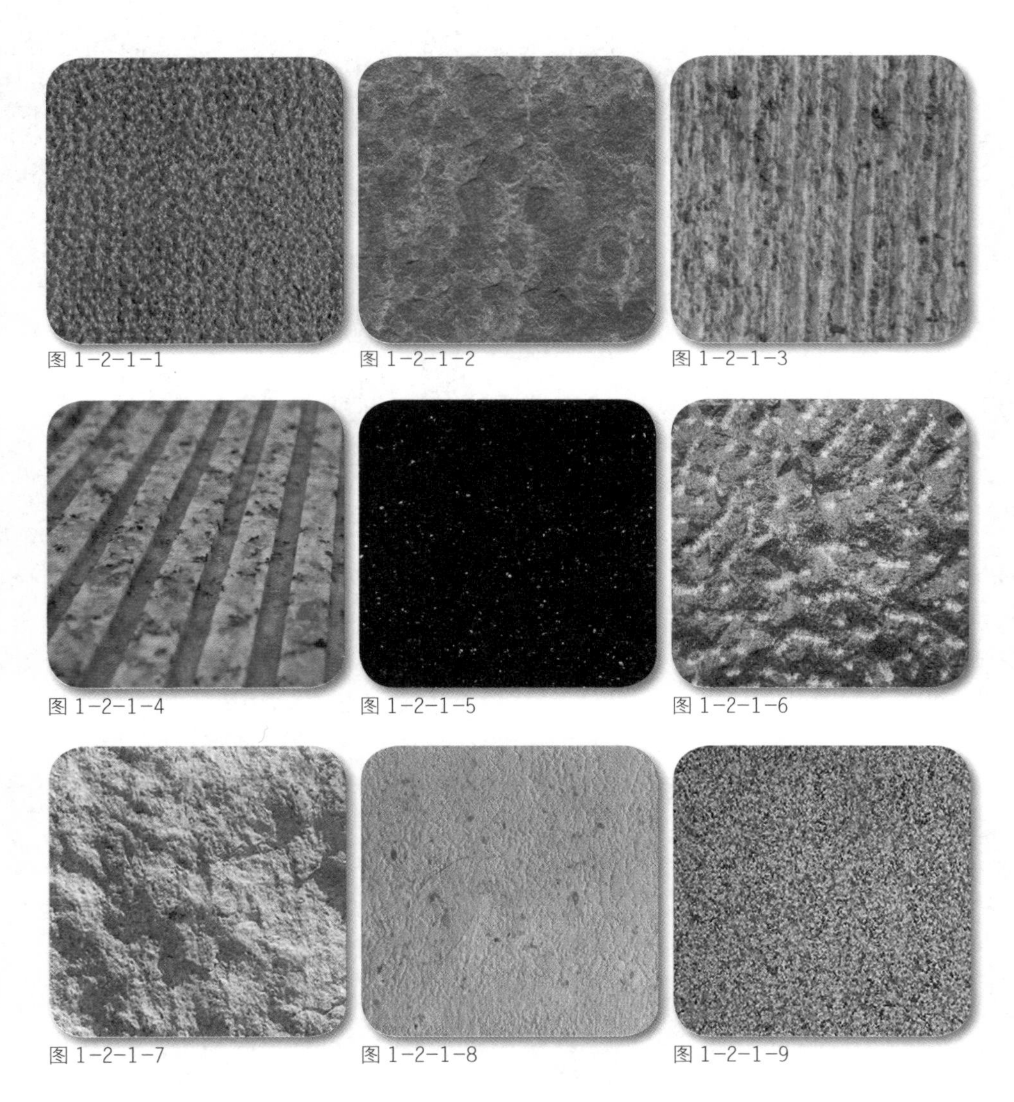

图 1-2-1-1 图 1-2-1-2 图 1-2-1-3

图 1-2-1-4 图 1-2-1-5 图 1-2-1-6

图 1-2-1-7 图 1-2-1-8 图 1-2-1-9

花岗石的面层可以根据设计和功能需求加工成不同的饰面效果，常见分为机切面、火烧面、荔枝面、菠萝面、槽纹面、自然面（蘑菇面）、剁斧面、抛光面（哑光）和酸洗面 9 种效果。其中用于人行区域铺装最常见的为火烧面或荔枝面，其面层加工后具有很好的防滑效果。自然面防滑效果虽然不错但建议仅局部点缀不宜大面用在人行区域，高低不平容易摔跤，推婴儿车或者拉杆箱也不便行走，可以用在机动车道上作为减速度或者搭配其他饰面用于墙体立面。光面效果石材常用于水景池壁或墙体立面，最忌用作地面铺装，有很大的安全隐患，特别在雨雪天气容易打滑。菠萝面常用作铺装的收边或者整石做台阶的面层处理，有种返璞归真的效果。槽纹面常用作景墙立面或者跌水墙的饰面。

不同面层处理要求石材厚度也不同，火烧面最薄，可以在 1.8cm，而荔枝面和菠萝面等需要人工或机械在石材表面不断敲打作业，石材厚度最好不小于 3cm，否则容易断裂。自然面要求石材厚度最大，最好能在 5cm 以上。不同面层处理要求石材厚度不同，而石材厚度不同导致价格差异也很大，所以在设计时要结合效果和成本等综合因素选择性价比最高的面层处理。

图 1-2-1　石材不同完成面效果

1 荔枝面　2 火烧面　3 剁斧面

4 槽纹面　5 抛光面　6 菠萝面

7 自然面　8 酸洗面　9 机切面

图 1-3-1 / 图 1-3-2　染色石材

图 1-3-3　中国黑与 654# 切割面区别，中国黑质感更细腻

图 1-3-4　染色石材日久褪色严重影响观感效果

图 1-3-1

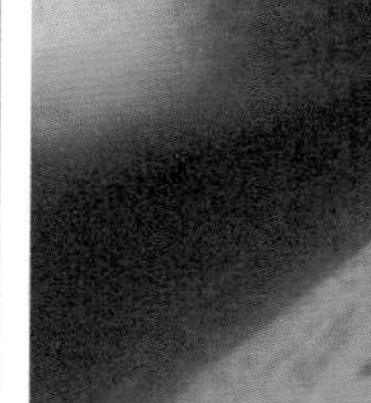
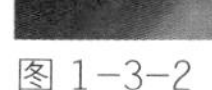

图 1-3-2

图 1-3-3

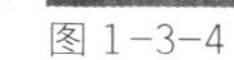

图 1-3-4

天然石材在自然界内外力双重作用下长期积淀而成，不可避免地会存在一些色差现象，如果我们看到外观颜色纹路完全一致的石材就要考虑是不是人造石或者染色石材。市面上最容易加工的染色石材大多为深色系，由浅入深易。比如中国黑，尤其光面效果的，就得多留一个心眼是不是用价格低廉的芝麻灰和芝麻黑染色而成。

染色的原理是利用石材表面存在天然缝隙和毛孔，将所需的颜色染料加入渗透剂中来对石材表面进行侵蚀来改变石材面层颜色，能够增强石材的装饰性和美观性，提高低端石材的商业价值。在室内装修时常有用到，但景观用材都是处于室外露天，由于气候等原因染色石材的耐候性不行，日久就会褪色形成一块块秃斑，极其影响观感效果，必须杜绝使用。在材料到场后一定要再次检查材料是否与封样一致。

这种染色石材只要稍加留心就能轻易辨别，首先，再怎么染色也只能改变表面很浅一部分的颜色，可以在板材的断口处看到染色层与石材本身质地对比明显；其次，一般光面石材染色的成功率较高，但仅染色表面颜色暗沉，没有天然石材本身的纹路与光泽，一般都会加以石蜡抛光，用打火机一烘烤蜡面就会褪去，另外用纸巾或者手指用力在石材表面多磨擦几回能被染上色的肯定就是染色石材。

图 1-4-1

景观大面积施工前，有两件事情必须做：第一，确认材料小样；第二，确认施工样板段。材料小样是确认施工单位所选材料是否与设计所用材料一致，包括材料的品种、颜色、面层效果等，要及时剔除不符合设计效果的材料。

在确认材料小样后要根据项目实际情况和设计图纸将重点景观元素做实际样板段。从地面铺装到墙体饰面，从线脚处理到压顶做法，小到配件的安装方式大到整段围墙立面。

确认小样只是看材料的基本要求是否符合，而实际样板段在检验施工单位施工工艺的同时又验证设计效果是否符合要求，设计节点是否合理。这个过程如果控制得好能够大大降低后期因施工水平而带来的返工现象。

图 1-4-1　不同材料的铺装样板段
图 1-4-2　不同样式的台阶样板
图 1-4-3　围墙柱贴面样板
图 1-4-4　景墙贴面样板
图 1-4-5　围墙饰面样板

图 1-4-2-1

图 1-4-2-2

图 1-4-2-3

图 1-4-3

图 1-4-4

图 1-4-5

PART 02 地面铺装

- 石材铺装
- 景观砖铺装
- 木平台铺装
- 鹅卵石铺装
- 塑胶地面铺装
- 水洗石铺装
- 汀步铺装
- 冰裂纹铺装常见问题
- 冰裂纹施工工艺参考
- 隐形消防车道做法
- 铺装排版常见问题
- 地面拼花铺装
- 铺装假缝
- 铺装切缝
- 弧形道路放线与收边处理
- 铺装样式与园路宽度
- 道路交叉口拐弯半径
- 侧石无障碍坡道
- 不同材料交接处理

图 2-1-1

图 2-1-2

图 2-1-3

图 2-1-4

石材铺装工艺标准

1. 所有石材颜色、规格必须符合设计要求，无明显色差，石材到场前必须先行提供材料小样供设计确认颜色、饰面效果；

2. 涉及异型石材，如地面拼花、线脚等施工单位需联合石材厂家根据设计图纸进行二次深化，保证石材出厂前按照异型尺寸一次性加工到位，不得现场二次人工加工；

3. 石材铺贴前需做好六面防护工作防止后期泛碱；

4. 拼缝要求平直顺畅，大小均匀，如需勾缝处理，以 U 形缝为宜，线条分明，立体感强；

5. 涉及地面拼花图案，施工单位必须提前做好铺装排版深化图，铺装过程中保证线条顺直，曲线流畅，注意找坡不积水。

图 2-1-1　自然面黄锈石园路

图 2-1-2　荔枝面黄金麻和芝麻灰镶嵌铺装

图 2-1-3　荔枝面黄金麻、芝麻白、芝麻灰组合铺装图案

图 2-1-4　富贵红和芝麻灰铺装

图 2-2-1

图 2-2-2

图 2-2-3

砖类铺装工艺

1. 所选砖材颜色、规格必须符合设计要求，到场前必须先行提供材料小样供设计确认颜色；

2. 烧结砖由于加工本身会存在尺寸偏差，存在宽窄不一、起翘等现象，现场铺贴时及时将严重变形的剔除；

3. 用作园路铺装时，铺装方式宜与边线成 45° 席纹拼，并有一定量的半砖以方便收边使用；

4. 以规则式铺贴时需拉通线保证铺装平直顺畅；

5. 铺装粘贴层一般以 1∶3 干硬性水泥砂浆为宜，干湿程度以手捏成团，落地开花为标准；

6. 铺贴完成后表层细砂扫缝，做好成品保护工作。

图 2-2-1　黄色烧结砖收边，红色烧结砖 45° 席纹铺

图 2-2-2 / 图 2-2-3　青砖规格铺贴

图 2-3-1

图 2-3-2

图 2-3-3

图 2-3-4

图 2-3-5

木平台铺装工艺

1.缝隙均匀，缝宽不宜过大(以5mm为宜)，过宽穿高跟鞋容易插入，后期保洁也不方便，细小垃圾容易掉入缝隙；

2.平台下方必须做好排水处理，基层必须找坡处理，龙骨间必须预留排水孔；

3.常见安装方式分钉眼固定和卡件固定两种。钉眼固定对龙骨安装要求精度比较高，因为钉是跟着龙骨走的，如果龙骨排列不整齐表面的钉眼也排列无序，细节体现不到位。所以现在常用成品卡件固定方式，免钉眼、安装方便快捷，保证平台表面的完整性。

图 2-3-1　木平台采用成品卡件安装
图 2-3-2　木平台采用南方松本色铺贴
图 2-3-3　木平台采用钉眼铺贴注意钉帽排列有序，整齐划一
图 2-3-4　木平台与石材收边
图 2-3-5　木平台采用成品卡件固定

鹅卵石铺装

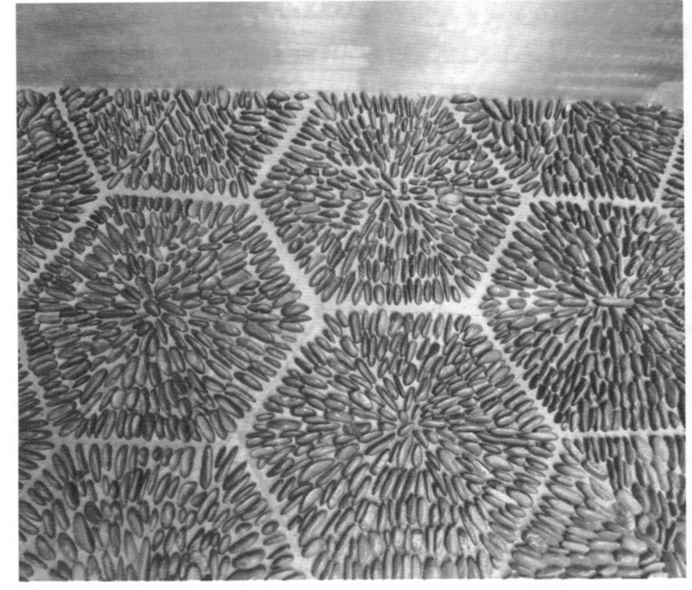
图 2-4-1

图 2-4-2

图 2-4-3

图 2-4-4

鹅卵石是常见的景观材料之一，其色彩、种类丰富，外表细腻光滑，在铺装图案造型上表现精致细腻。其注意事项如下：

1. 卵石规格形态统一，杂色不能过多。

2. 铺设前应将混凝土垫层清理干净，浇水浸润，用 1:1 干硬性水泥砂浆铺设 3~5cm 厚，再在上方根据设计要求按序铺设卵石。常见铺设方式为竖向铺贴，较为尖锐的一端朝上，2/3 部分嵌入砂浆，同时用木板辅助压平，铺设完成后以看不到水泥砂浆为标准，保证面层洁净平整。

3. 铺设完成后，可再适当补撒素水泥粉，用水壶喷洒使砂浆凝结。

4. 待砂浆干透后及时清洗卵石表面污渍做好成品保护工作。

除了大量应用于各种铺装图案之外，还可以利用其规格丰富，应用灵活的铺贴方式用于各铺装材料的交接处理。特别在施工现场因各种因素导致的放线误差引起的铺装材料间交接不顺，用鹅卵石来作为过渡材料是非常不错的选择。

图 2-4-1　黑色鹅卵石的拼花图案

图 2-4-2　利用不同颜色和规格的鹅卵石拼贴而成的蝴蝶图案

【苏州天域项目，景观设计：BCA】

图 2-4-3　鹅卵石健身步道

图 2-4-4　利用鹅卵石嵌缝收边

图 2-5-1

图 2-5-2

塑胶地面由黑色橡胶缓冲层加 EPDM 彩色橡胶层组合而成，其弹性系数较好、耐磨性高、无毒无味，其色彩丰富可根据设计需求随意搭配，常用作儿童活动场地和成人健身场所的饰面材料。

施工注意事项

1. 混凝土基层必须清理干净，不得有起砂裂缝等缺陷，并且做好找坡排水；为保证混凝土层与塑胶层粘结紧实牢固，在整石铺贴前可在基层先涂一层胶水；

2. 先铺设黑色橡胶层，厚度一般控制在 1.5cm（最低 0.8cm）；

3. 黑色橡胶层铺好后根据设计要求将地面图案轮廓勾勒出来，先将图案部分施工完毕，图案轮廓必须界限分明；

4. 整体面层完成后保证表面洁净平整，及时做好成品保护工作，后续工程如需要在塑胶面层上搭脚手架等工作，必须在表面用木板或钢板支垫或采取其他保护措施。

图 2-5-1 / 图 2-5-2　EPDM 橡胶地面施工过程

图 2-5-3　EPDM 各色颗粒

图 2-5-3

图 2-6-1

图 2-6-2

图 2-6-3

图 2-6-4

图 2-6-5

图 2-6-6

注意事项

1. 注意水洗石含量，过少观感不好，过多粘结不牢，以粒径 3~5mm 为例，每平方米含量在 18~20kg 为宜；

2. 砾石与水泥搅拌均匀后才能加水，铺贴前应将混凝土垫层上杂物清理干净，避免粘贴不牢碎石松动开裂；

3. 水洗石面层与其他铺装材料交接可采用铜条或 PE 分隔带衔接，保证水洗石边线完整；

4. 摊平时需用拍板对拌浆反复轻微拍打和抹平，保证拌浆和基层充分粘结使石子分布均匀，室外施工温度不宜低于 4℃，影响粘结固化，容易脱落；

5. 在面层半干时及时用海绵清洗面层，并修补石粒；

6. 及时做好成品保护工作，待完全干燥后可刷水性树脂，起到防水耐污增亮作用。

图 2-6-1 / 图 2-6-2
图 2-6-3 / 图 2-6-4
图 2-6-5 / 图 2-6-6
水洗石施工过程

图 2-7-1

图 2-7-2

图 2-7-3

图 2-7-4

汀步在传统园林中常用于水体之中，微露于水面，行人蹑步而行，所以又形容汀步石“介于似桥非桥，似石非石之间，无架桥之形，却有渡桥之意。”

现代园林中汀步除了用于水景当中外，也常根据设计需求以规则或不规则式按照一定间距铺设成路面，铺装方式灵活多变，适用于各种空间路面。

汀步在用作园路铺装的时候最关键的一点是控制汀步的间距，有一些人不喜欢走汀步路，因为脚感不舒服，在走的过程中落脚点很多时候都落在汀步间的空隙上。按照成人的正常步伐间距 60cm 为例，如果汀步石的规格在 40~50cm 之间，那么汀步的间距在 15~20cm 为宜。另外汀步施工虽然方便但同样要注意垫层一定要夯实，否则后期很容易因受力不均而出现翻浆现象。

图 2-7-1　水中汀步【苏州本岸】
图 2-7-2　汀步做成的台阶【南京银河湾】
图 2-7-3　不规则式汀步路面【苏州本岸】
图 2-7-4　汀步石与水洗石路面【苏州本岸】

图 2-8-1

图 2-8-2

图 2-8-3

图 2-8-4

冰裂纹，又称碎拼，是景观设计中常见的铺装图案之一，以形式自由、拼法多变著称。常见拼法分为切割式和自然式。自然式拼法是指施工时将花岗石大毛板敲成碎块，然后将这些形状各异的碎块随机组合成铺装图案。这种铺装形式下的石材间缝大小不一，缝隙间以铺设草坪为宜，也可铺嵌鹅卵石。一般应用于公园或私家园林以体现自然、粗犷的感官效果。而切割式冰裂纹做工显精致，但现场加工难度较大，施工工艺要求高，适用于节点空间的铺装，以体现景观做工细致到位。

由于对施工水平要求高，所以在施工过程中也容易产生各式各样的问题：通缝、假切缝、射线缝等，如图 2-8-1、图 2-8-2 所示。

同时现场施工时，大部分异型石材，特别是冰裂纹都是现场二次加工，其损耗率特别高，没有经验的施工单位，损耗率在 1/3 以上，而且切割产生的粉尘对施工人员也是一个很大的安全隐患，所以在铺装设计中不建议大量运用。

对于确实要用到冰裂纹铺装的，本书推荐以下几种铺装工艺供参考。

图 2-8-1　冰裂纹中出现的三角板

图 2-8-2　冰裂纹中出现的通缝

图 2-8-3　加工冰裂纹时产生的粉尘

图 2-8-4　加工冰裂纹产生的边角料

图 2-9-1

图 2-9-2

图 2-9-3

图 2-9-4

图 2-9-5

图 2-9-6

图 2-9-1　确定冰裂纹铺装标准模块

图 2-9-2　利用 PE 板制作 1：1 的模型，并做好相应编号

图 2-9-3 / 图 2-9-4　根据模块在毛板上划线进行切割加工并分类

图 2-9-5　铺贴、勾缝

图 2-9-6　完工效果

图 2-9-7

图 2-9-8

图 2-9-9

图 2-9-10

图 2-9-11

图 2-9-12

图 2-9-7 / 图 2-9-8
利用大板切假缝，拼缝间隔预留单元空格

图 2-9-9 / 图 2-9-10
按照预留的单元格尺寸单独加工，填空处理

图 2-9-11　及时清理面层水泥砂浆等污渍

图 2-9-12　铺设完工效果

图 2-10-1　施工过程照片

图 2-10-2　隐形消防车道实际展现效果

图 2-10-3　景观设计图纸需要把消防车道、登高面等位置走向结合园路表达清楚

图 2-10-1

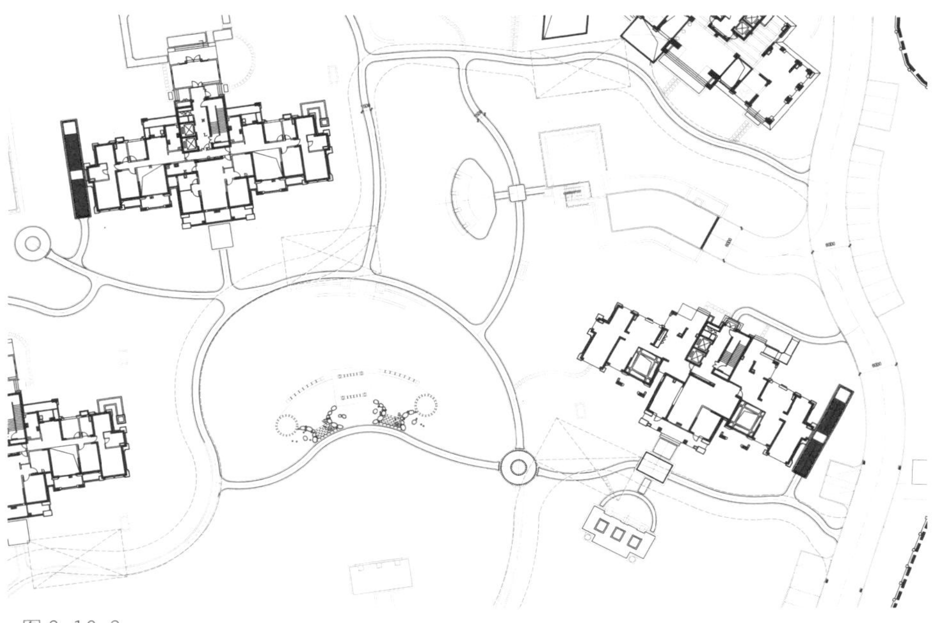

图 2-10-3

图 2-10-2

注意事项

消防车道、消防登高面及消防回车场因不同地区消防规范不同而存在一定差异，常规以植草砖和植草格铺装为主，在满足其相关规范的前提下尽可能将其弱化处理:

1. 住宅内部的消防车道、登高面等尽量与人行道和硬质铺装相结合，消防车道走向如果规范允许，可在满足相关要求的条件下根据景观需求作适当调整，但消防车道净宽内不得设置微地形和高出完成面的障碍物（乔灌木、灯具、垃圾桶等），在主要人流和视线区要做好相关标识;

2. 消防登高面和回车场若采用隐形植草格做法，需在基层做排水设施，若采用碎石 + 混凝土基础，在混凝土层可每 1.5mX1.5m 预埋 *D*100 的 PVC 管作为排水孔，管内塞鹅卵石或碎石，两头用无纺布包裹;

3. 种植土回填以高出植草格 1~2cm 为宜，上方满铺草毯或其他低矮地被。

图 2-11-1

图 2-11-2

图 2-11-3

图 2-11-4

图 2-11-1

因铺装排版引起的误差，细节处理不到位

图 2-11-2

排版误差，调整前后效果对比

图 2-11-3

弧形（异型）铺装未按设计要求加工到位

图 2-11-4

施工现场推敲铺装排版关系

图 2-12-1

图 2-12-2

图 2-12-3

图 2-12-4

图 2-12-1

拼花图案正式铺贴前必须要求施工单位按照设计图纸先行提供排版样板段供设计确认；较复杂的地面拼花图案可以在干砂中进行，方便即时根据设计要求调整样板拼接方式，样板中所用到的石材在后期施工也可照常使用，减少损耗。

图 2-12-2

正式施工前，现场按设计图案进行分区划线，根据每单元格铺贴样式先进行预排版，保证石材间隙均衡统一，然后再根据石材排版定位分块将石材上浆拼贴。

图 2-12-3

拼花图案全部完工后利用半干素水泥浆进行灌浆抹缝工作，常规而言地面拼花图案石材间的勾缝宜低于石材完成面 3 ~ 5mm，以形成视觉上立体效果。石材间的拼缝宽度可以根据设计需求而定。

图 2-12-4

拼花完工后的效果展现。

图 2-13-1

图 2-13-2

图 2-13-3

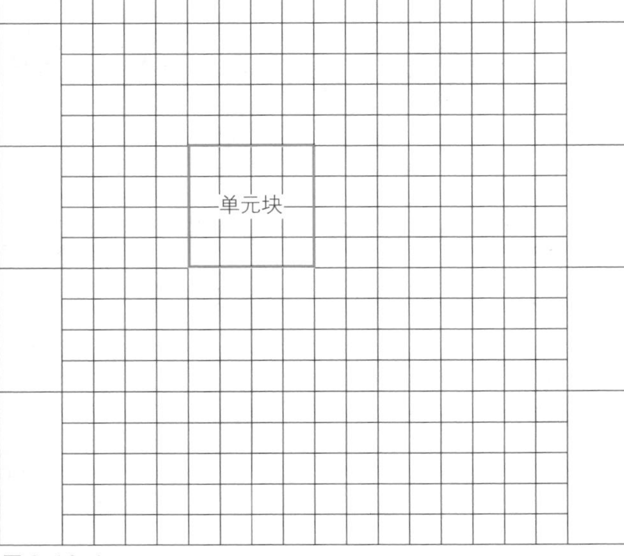

图 2-13-4

同样的铺装面积，使用大规格的铺装材料比小规格材料施工起来肯定要快。但如果从满足铺装效果出发需要使用到小规格的铺装材料，而铺装面积又较大时不妨考虑假缝的铺装方式。

常规来讲，当铺装区域较为方正，且所用到的铺装规格小于 150mm 时合理利用大板切假缝的铺贴方式不仅能较大程度改善观感效果还能提高施工效率。如果利用小规格板铺设大面区域，不仅难以控制铺装间的缝隙是否均匀平直而且同样时间段内比使用大规格板铺设的速度要慢。

如果利用大规格板切割假缝，大板规格不宜超过 600mmx600mm，规格越大对石材的厚度要求越高，成本差异性很大，另外假缝切割时需要控制好切割深度，施工时抹灰要均匀不能产生空鼓，否则后期受力不均容易断裂。

图 2-13-1　600mmx600mm 的大板切割成 100mmx100mm 的假缝效果
图 2-13-2　铺贴效果示意
图 2-13-3　100mmx100mm 的小规格板
图 2-13-4　节点示意图

图 2-14-1

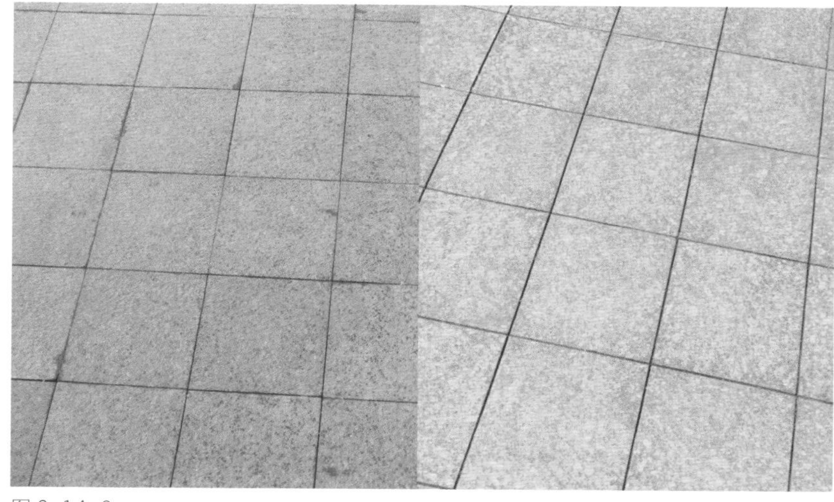
图 2-14-2

图 2-14-3

石材铺装若采用密拼方式很容易产生拼缝间的误差而导致缝隙宽窄不一，影响观感。除现场铺贴时产生的误差外其主要原因是厂家在石材加工时导致的规格不一，通常偏差在 1~3mm 之间。如何消除拼缝误差问题，保证拼缝间隙均匀统一，选择在铺装完工后再对拼缝进行二次切割是一个比较有效的解决方案，切缝通常在 3mm 左右，如果需要更宽可采用双刀片切割或者更改铺贴方式。二次割缝不仅解决了拼缝宽窄不一的问题，而且切割后的缝隙在视觉上能形成阴影区使铺装看上去更有立体感。

图 2-14-1　未切缝的石材铺贴由于石材规格误差导致的拼缝宽窄不一
图 2-14-2　切缝与未切缝的铺装效果对比
图 2-14-3　大面铺装效果示意

弧形道路放线与收边处理

图 2-15-1

图 2-15-2

注意事项

园路混凝土基础宽度要比面层宽度每边宽2~3cm，每隔 6~8m 须设置伸缩缝。面层铺装前应把混凝土垫层清理干净，在施工过程中如有水泥砂浆掉落面层上须及时用干布擦净，地面完工后应及时做好成品保护工作，保证面层不受污染。

弧形园路在放线时可利用柔韧性较强的 PVC 管弯曲成自然弧形作为园路走向参考线，具体位置可以结合图纸和现场实际情况进行微调，以保证园路线型流畅（图 2-15-1，推荐使用ϕ25mm 管径），遇道路交叉口的弧形段，收边材料注意应按照现场弧度进行二次加工（图 2-15-2）；图 2-15-4 所示的弧形收边交接不自然流畅，观感较差。

图 2-15-3

图 2-15-4

图 2-15-1 / 图 2-15-2 / 图 2-15-3　自然式园路放线弧度自然流畅，张弛有度

图 2-15-4　转角走向不够自然

图 2-15-5　本岸园路施工现场

图 2-15-6　玲珑湾园路放线

图 2-15-7 / 图 2-15-8　苏州国际项目园路走向

图 2-15-5

图 2-15-6

图 2-15-7

图 2-15-8

图 2-15-9

图 2-15-11

图 2-15-10

图 2-15-9　弧形路面如采用人字形铺装方式在收边时很容易产生小于 1/4 碎块，既不方便施工，后期也容易因粘结不牢而脱落影响行走及观感

图 2-15-10　通过增加半砖模数调整局部铺装方式即可减免此类现象，改善施工难度及感官效果

图 2-15-11　铺装效果示意

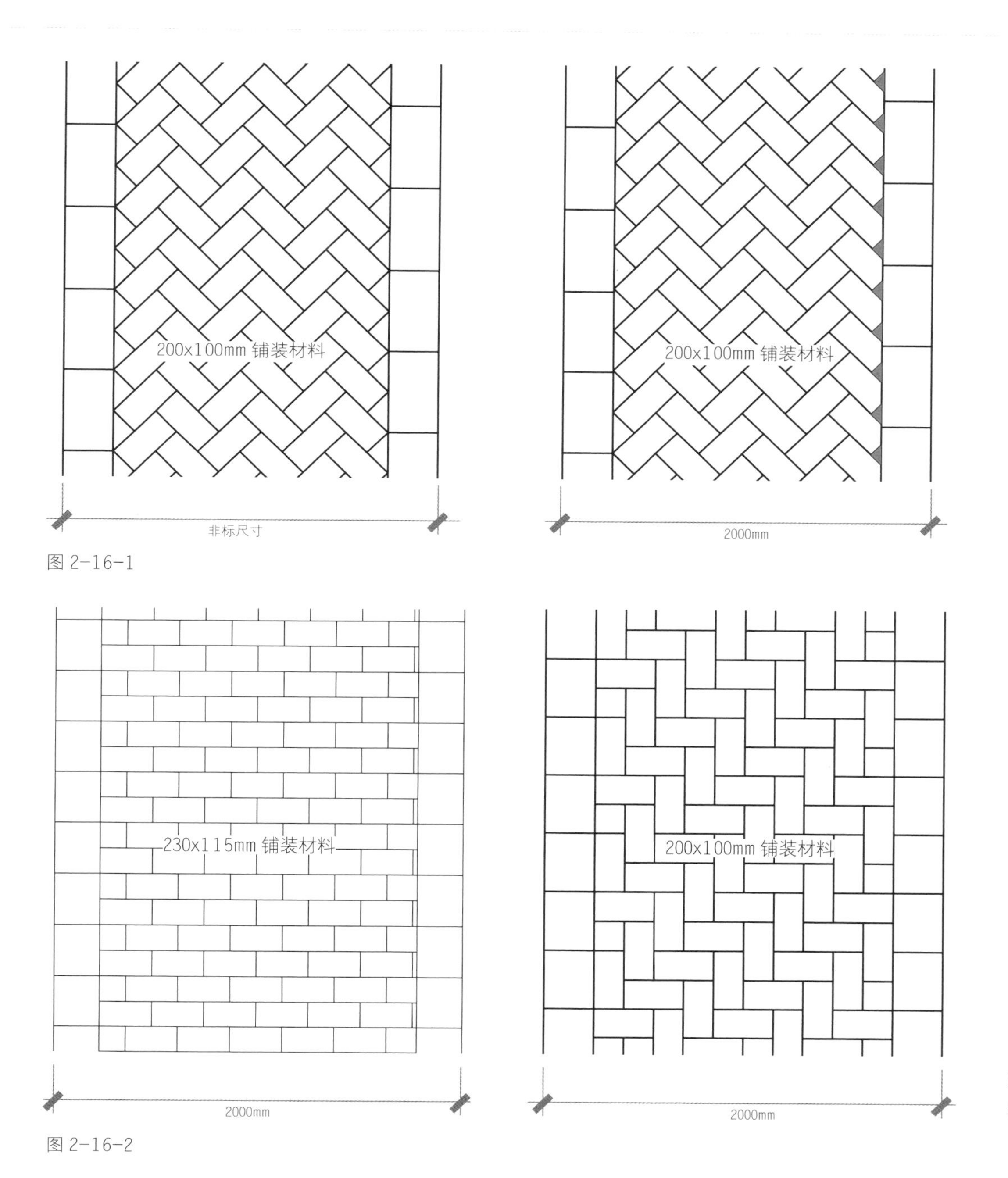

很多设计师喜欢先确定园路宽度后再进行园路的铺装深化设计，如果是采用常规尺寸或采用横平竖直的铺装样式还好，比如园路宽度是2000mm，铺装材料是 200mmx200（100）mm 的规格， 不管是采用“工”字铺还是“田”字铺，或者 90° 的席纹铺贴，单元规格与宽度都是存在倍数关系，即铺装都是整数块没有零头。但如果是采用 45° 的席纹铺或是用 230mmx115mm 陶土砖这时尺寸上就没有倍数关系，铺装会出现零碎尺寸，产生切角，从而导致现场施工时在收边材料需要二次加工，既增加了施工难度和工期又造成材料的无效浪费。

不仅是道路铺装设计如此，但凡涉及铺装区域在深化设计阶段都要考虑铺装样式及材料尺寸与铺装尺寸之间的关系，不要一开始就给自己画个圈再拼命往里面钻。

图 2-16-1 / 图 2-16-2
铺装样式及材料尺寸与铺装尺寸之间的模数关系示意图

道路交叉口拐弯半径

道路交叉或是端头不宜以直接的方式收头，最好能设计半径在500mm以上的拐弯弧度，若设计有特殊要求，也可以用其他铺装材料来过渡踩踏区以便于行走，否则这个拐角植物也很容易被踩踏，影响长势。

图2-17-1

图2-17-2

图2-17-3

图2-17-1　道路以弧形倒角收头

图2-17-2　道路端头未做倒角设计，转角植物容易被踩

图2-17-3　利用鹅卵石过渡拐角区

图 2-18-1

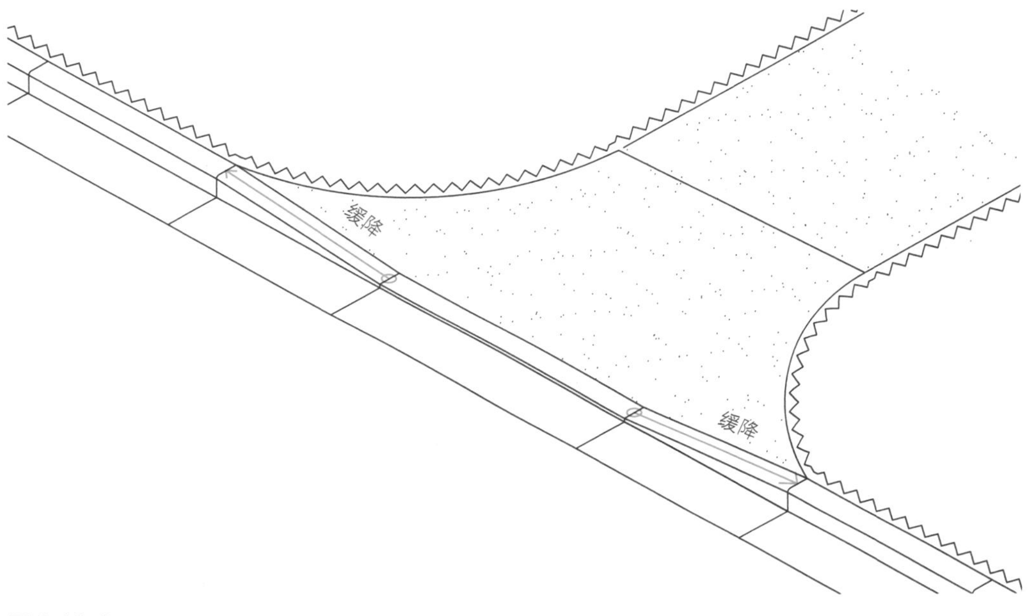

图 2-18-3

图 2-18-2

室外公共空间和流线若涉及高差设计，要特别注意预留无障碍通道开口，如小区出入口和住宅单元出入口，以方便婴儿推车或其他非机动车通行，但在人行道和有带侧石的机动车道相接的地方是容易被遗忘的地方，不同高差的道路相接同样需要设置无障碍的开口。

1. 坡道找坡不大于 8%；
2. 坡道铺装材料需做防滑处理；
3. 若高差过大需加装扶手。

图 2-18-1　后期增加防腐木坡道
图 2-18-2　侧石上的无障碍坡道开口
图 2-18-3　无障碍坡道开口示意图

图 2-19-1

图 2-19-2

图 2-19-3

图 2-19-4

图 2-19-1
利用碎石作为不同铺装间的过渡
图 2-19-2
利用鹅卵石作为不同材料间的过渡
图 2-19-3
道路交叉口铺装处理
图 2-19-4
利用景石作为不同铺装样式间的过渡

PART 03 墙体饰面

- 石材密度与厚度关系
- 压顶与视线关系
- 压顶案例参考
- 压顶石材转角处理
- 侧贴面石材处理
- 转角石材参考案例
- 滴水线设置
- 石材分缝处理
- 石材干挂与湿贴
- 石材与质感涂料交接
- 花坛墙体设计
- 墙体饰面与绿化关系
- 轻度沉降处理方案
- 真石漆饰面

石材密度与厚度关系

图 3-1-1

图 3-1-2

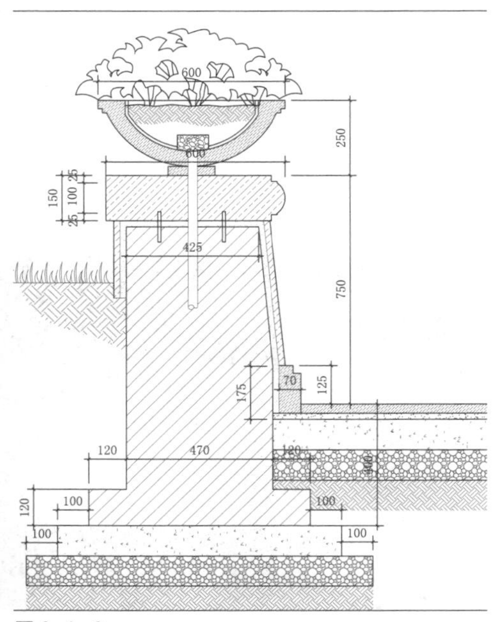

图 3-1-3

有一次跟一位设计师讨论一个景墙压顶的做法，景墙大约2.5m高，原设计采用的是600mmx350mmx150mm整块花岗石压顶，我说这个规格太厚了需要再优化一下，设计师开始很坚持，说整石压顶厚重大气，能镇得住气场。我随口问了句，你知道石材密度一般是多少吗，对方有点纳闷，这密度跟厚度有什么关系？

我们以常规花岗岩的密度 2.65g/cm³ 为例来计算，一块规格为600mmx350mmx150mm的花岗石重量近83.5kg，160斤！比一个成年男性的标准体重还要重，一个45cm高的花坛压顶就得两个工人抬，更何况2m多高的景墙。

设计不是纸上谈兵，图不仅要画得漂亮还要能接地气，除了研究推敲细部节点外，还要多方面去了解各种材料的基本属性，才能使得我们的设计更加完善和合理。

图3-1-4中列出了同一压顶的四种不同做法，具体哪一种实施性最强，性价比最高，要根据具体设计情况来定，节点本身没有对错之分。

图 3-1-1　施工现场，由于压顶石材太重得两人合力才能抬动
图 3-1-2　压顶整石效果
图 3-1-3　设计节点示意
图 3-1-4　不同压顶节点做法对比

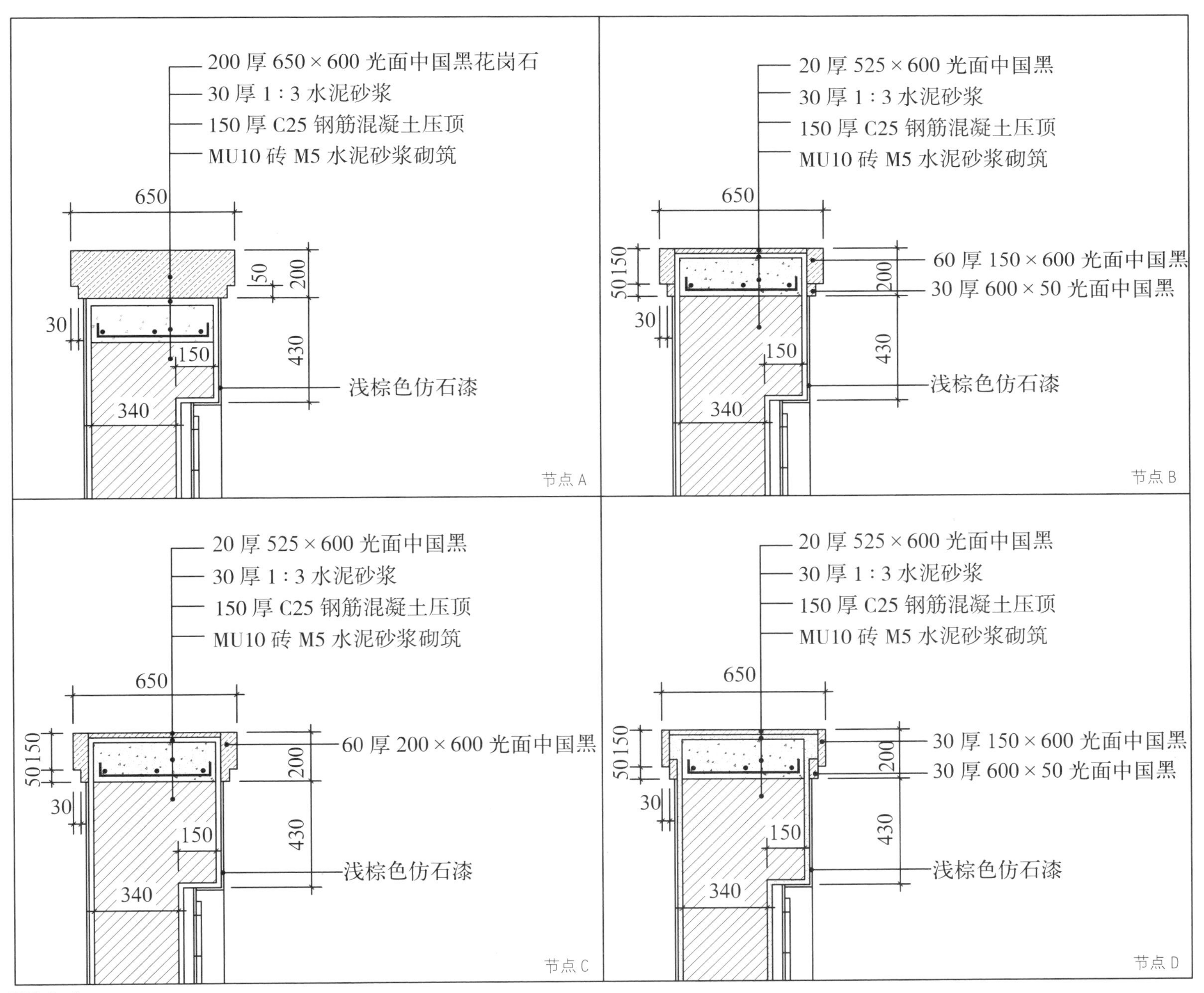
200厚650×600光面中国黑花岗石
30厚1:3水泥砂浆
150厚C25钢筋混凝土压顶
MU10砖M5水泥砂浆砌筑
650
50
200
30
150
430
浅棕色仿石漆
340
节点A
20厚525×600光面中国黑
30厚1:3水泥砂浆
150厚C25钢筋混凝土压顶
MU10砖M5水泥砂浆砌筑
650
60厚150×600光面中国黑
30厚600×50光面中国黑
50 150
200
30
150
430
浅棕色仿石漆
340
节点B
20厚525×600光面中国黑
30厚1:3水泥砂浆
150厚C25钢筋混凝土压顶
MU10砖M5水泥砂浆砌筑
650
60厚200×600光面中国黑
50 150
200
30
150
430
浅棕色仿石漆
340
节点C
20厚525×600光面中国黑
30厚1:3水泥砂浆
150厚C25钢筋混凝土压顶
MU10砖M5水泥砂浆砌筑
650
30厚150×600光面中国黑
30厚600×50光面中国黑
50 150
200
30
150
430
浅棕色仿石漆
340
节点D

图3-1-4

压顶与视线关系

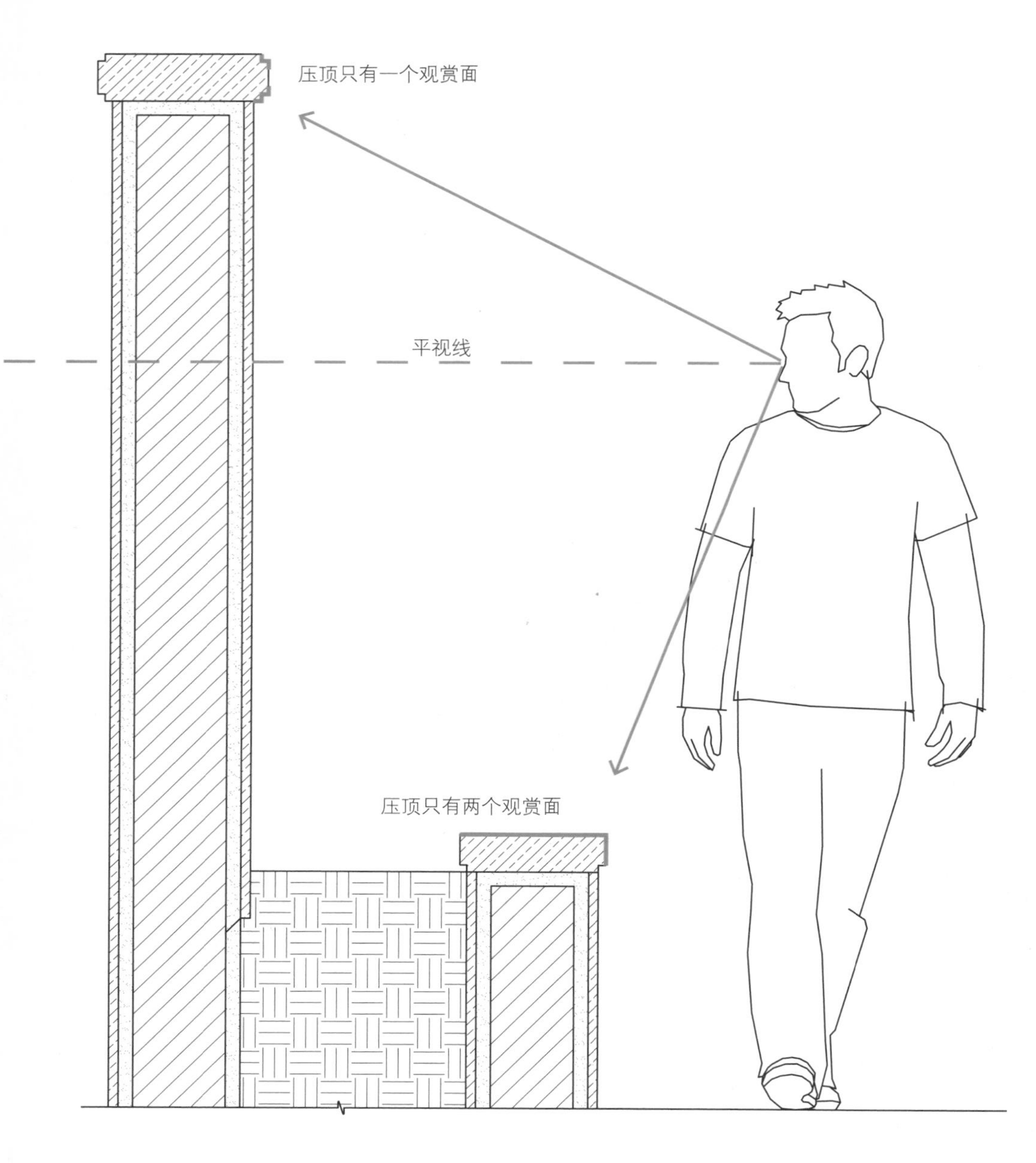

图 3-2-1　视线分析

从景墙整体效果而言，压顶设计的好坏对于视觉效果的贡献度应该是最高的，所以很多设计师对推敲压顶部位的细节会花费较多的工夫，焦点越集中线条就越多，线脚一多，导致的最终结果就是压顶石材厚度加大，再加上要形成压顶的厚重感和所谓的大气，这压顶厚度就噌噌地往上升。

线角处理与石材的厚度是否有关系，在做设计之前我们不妨先做一个视线分析。图 3-2-1 有两片景墙，一片景墙高度在人平视线以上，一片在平视线以下。高出人平视线的墙体压顶只有一个侧面是观赏面，而低于人平视线有两个观赏面。再看图 3-2-2，这个景墙的压顶厚度是否就是如所见的那么厚？当然不是。另外对于低于平视线以下的墙体压顶在推敲线角时也要根据在可视面的位置来判断其是否可见，图 3-2-3-3 所示节点的线条设计是在压顶的下方，人在正常的站姿下线条是不可见的，所以线角存在的意义不大。我们在 CAD 里画图的时候对象能够随意被缩小放大，缺少从人视线角度去观察我们所要表现的对象，所以很多时候做了无用功，事倍功半。

图 3-2-2　实例

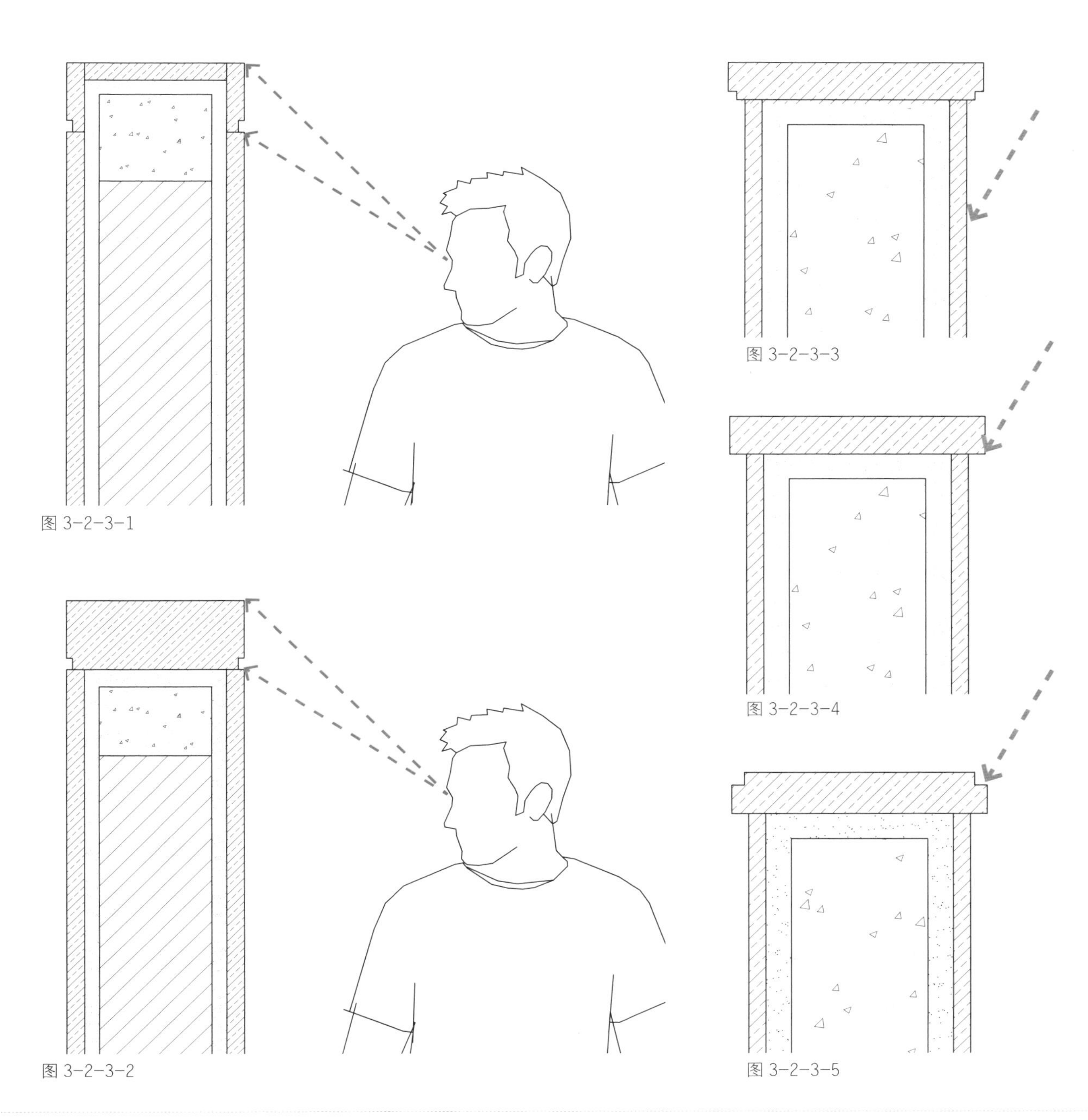

从所示结果来看，图 3-2-3-1 的节点效果与图 3-2-3-2 表达的视觉效果一样，但图 3-2-3-1 所用的材料要更为经济，施工更为便捷。

图 3-2-3-3 所示节点在低于人平视线以下所表达的设计效果与图 3-2-3-4 类似，如果要表达线角关系，宜如图 3-2-3-5 节点所示，在压顶上方。

图 3-2-3 压顶线脚与视线分析示意图

图 3-2-4-1

图 3-2-4-2

另有一些景墙所处位置并非近人尺度，在压顶和贴面处理手法上同样可以有优化的余地。结合上文中的视线分析，压顶处理也可以化整为零，远观效果几乎不受影响。

图 3-2-4　优化后的压顶做法不影响景墙整体立面效果
图 3-3-1　苏南万科本岸项目（院墙）
图 3-3-2　苏南万科新都会项目（花坛）
图 3-3-3　苏南万科长风项目（院墙）
图 3-3-4　上海万科翡翠别墅项目（花坛）

图 3-3-1

图 3-3-2

图 3-3-3

图 3-3-4

压顶石材转角处理

图 3-4-1

不管地面铺装还是墙体拐角，45° 拼接是最为常见的拐角拼法，这种拐弯节点上的拼接石材为保证安装后的视觉效果，最好在出厂前用激光切割机一次性加工到位，如果是在现场用手工切割则很难保证接缝平顺，而且现场施工时需要特别注意成品保护工作，稍不注意切割边就容易被撞而爆边影响观感，图 3-4-1 即为爆边后未及时修补视觉效果较差。

另外直接 90° 转角或利用单独加工转角石材也是一个不错的解决方案，不仅解决了 45° 切角爆边的问题，同时又能保证其整体性，观感较好。

图 3-4-1　因 45° 切角而爆边的转角石材

图 3-4-2　90° 转角石材拼贴效果

图 3-4-3　水池池壁采用成品转角石材

图 3-4-2

图 3-4-3-1

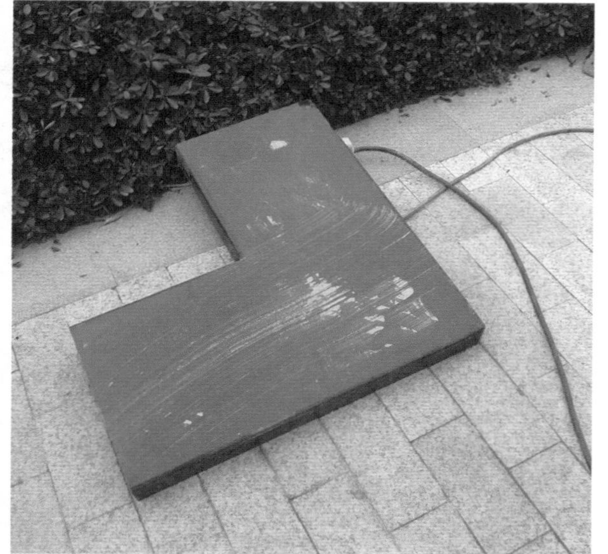
图 3-4-3-2

图 3-4-4

图 3-4-5

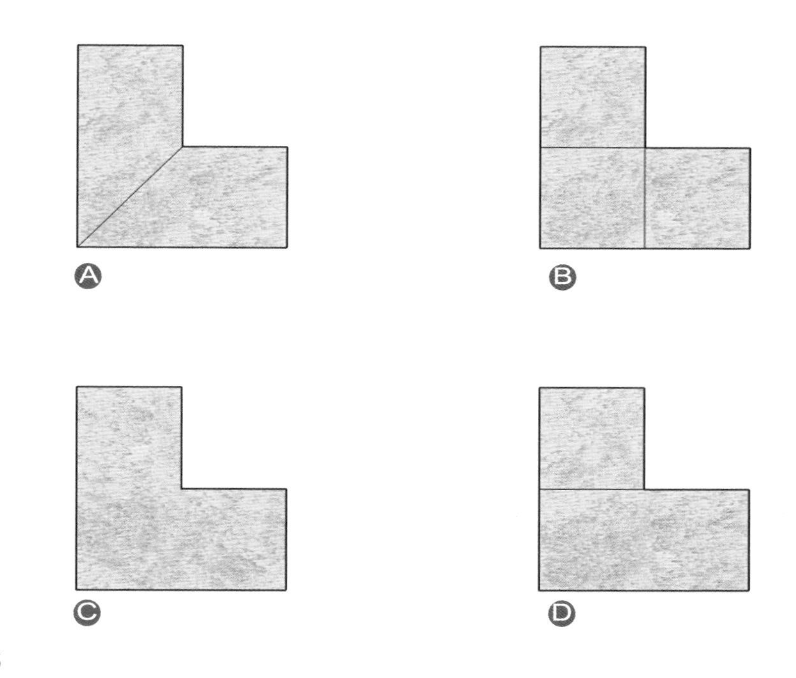

图 3-4-6

如果采用直角 90° 转弯拼法在施工过程中注意要先对转角部位的石材先施工以保证转角石材的完整性，图 3-4-4 是施工过程中因现场施工放线等原因造成的排版误差，产生这种现象后就要考虑如何消化掉这些误差（图 3-4-5），如果误差间距小于 1/4 标准规格，可根据具体情况将相邻铺装调整为非标尺寸，如节点 B 所示；如果误差在 1/2 标准规格左右，可以将相邻两块或三块石材调整为非标尺寸，如节点 C 所示。

在景墙压顶、贴面或地面铺装过程中产生这种误差都可以用此类方法进行解决。

图 3-4-4　现场施工过程照片
图 3-4-5　误差解决方案
图 3-4-6　常见压顶转角石材节点参考

侧贴面石材处理

墙体侧贴面处理手法大体跟压顶处理形式一样，但有些侧贴面是采用不规则拼法，如冰裂纹，这就特别需要注意两面相接时铺装纹路之间的对缝关系。如采用规则式贴面，拐角处不建议直接采用 45° 拼法，施工过程中稍有失误就会爆边导致拼缝不密实影响观感，如图 3-5-4 所示。另规则式贴面不建议大面积采用密封拼，需要适当考虑一些线角或分缝，这样整体立面效果有一些阴影关系且更富有立体感。图 3-5-5 设计的贴面效果想要表达横向的条纹关系，设计图中由于图面表达原因，横向的线条关系还是很清晰，但是从现场呈现的样板段来看效果并不明显，远观就是一片实墙，看不出明显的条纹关系。

相比于图 3-5-1，贴面同样采用的是密拼法，但由于局部石材的完成面有进出关系所以对比较为强烈，画面立体感也更强。另外也可以采用同一材质的不同完成面，虽然为同一材料但由于对于面层的不同处理所呈现出来的质感完全不同，如黄锈石的火烧面与荔枝面，火烧面偏红，荔枝面偏白，或者选择自然面，用局部跳色或不同面层来打破规律感使构图更为活泼自然。

图 3-5-1　局部突出的完成面形成丰富的阴影和线条关系【苏州晋合金湖湾】
图 3-5-2　冰裂纹贴面现场照片
图 3-5-3　冰裂纹在交界面未形成通缝关系，由于交界面在阴角部位视觉效果不明显
图 3-5-4　45° 切角导致的拼缝参差不齐
图 3-5-5　侧贴面采用的密拼法使得设计初衷效果不明显
图 3-5-6　设计效果示意图

图 3-5-1

图 3-5-2

图 3-5-3

图 3-5-4

图 3-5-5

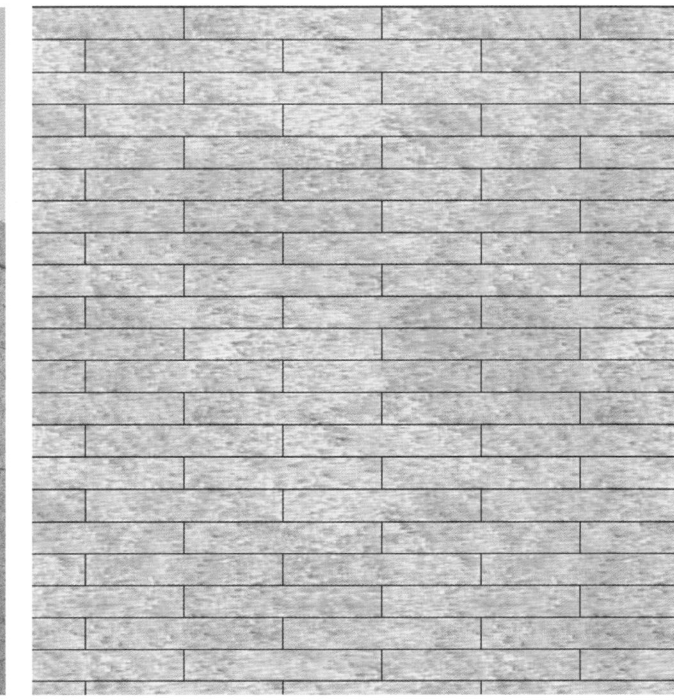
图 3-5-6

转角石材参考案例

图 3-6-1

图 3-6-3

图 3-6-4

图 3-6-1　苏南万科本岸项目花坛墙转角处理

图 3-6-2　日本难波公园挡墙拐角处理

图 3-6-3　日本难波公园挡墙拐角处理

图 3-6-4　日本新大阪城屋顶花园花坛墙拐角处理

图 3-6-5　日本 MIDTOWN 挡墙拐角处理

图 3-6-2

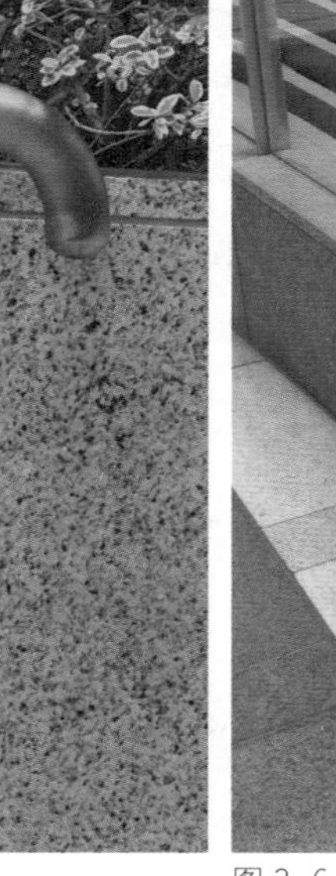

图 3-6-5

图 3-7-1

图 3-7-3

图 3-7-5

对于用质感涂料或真石漆喷涂作为完成面的墙体，在压顶部位一定要设置滴水槽或滴水线，以防止雨水沿墙面漫流，污渍侵染墙面，久而久之严重影响表面的观感效果。除了设置滴水槽或滴水线外，压顶完成面宜单向找坡，外低内高引导雨水尽量流向不是观赏面的那一边。

图 3-7-2

图 3-7-4

图 3-7-6

图 3-7-1 / 图 3-7-2
图 3-7-3 / 图 3-7-4
图 3-7-5 / 图 3-7-6
墙体压顶有无设计滴水槽所致的效果对比

图 3-8-1

图 3-8-2

图 3-8-3

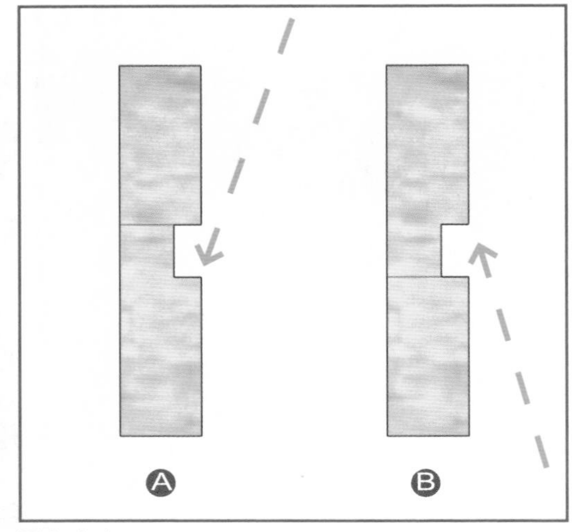

图 3-8-4

图 3-8-1　施工过程照片
图 3-8-2　拼缝留在凹槽的上方，几乎不可见
图 3-8-3　拼缝留在凹槽的中间，拼接不自然
图 3-8-4　拼缝节点示意图

利用石材分缝来表达设计效果是常见的手法，分缝收口部分需要注意拼缝的位置，切忌处在凹槽中间，因为石材加工有误差，而误差会导致拼缝间不密实，如果处在凹槽正中间就会影响观感。同样也可以根据视线分析法来确定拼缝所处位置，图 3-8-4 节点示意图，对高于人视线的分缝，接缝宜在凹槽下方，节点 B 所示；低于人视线的分缝，接缝宜在凹槽上方，节点 A 所示，尽量将拼缝位置留在视线不可见范围内。

图 3-9-1

图 3-9-2

图 3-9-3

图 3-9-4

由于石材是一种天然产物，其表面存在许多自然形成的气孔，犹如人类的皮肤，呼吸时会将空气中的尘埃吸入，同时加上雨水侵蚀，使得石材特别容易锈蚀和污染，继而产生水斑、锈斑等现象。所以一般在施工前都要使用特定的界面剂对其进行六面防护处理。

常见的湿贴法水泥砂浆中含有大量的盐碱成分，遇水后通过溶解渗透，会在石材表面形成“泛霜”现象。对于重点部位或有特殊效果要求的墙体，可以采用干挂法来减免此类现象的发生。但干挂法较湿贴在造价上要高一些。对于一般景观墙体可以采用半干挂法，不用主龙骨，直接将干挂件植入墙体中，再利用连接件固定石材。在主要观赏面的景墙或者跌水墙面建议采用干挂或半干挂法，以减免泛碱。

图 3-9-1　石材半干挂细节
图 3-9-2　石材湿贴细节
图 3-9-3　干挂中的石材线脚
图 3-9-4　采用湿贴法的墙体相比干挂要节省空间

图 3-10-1

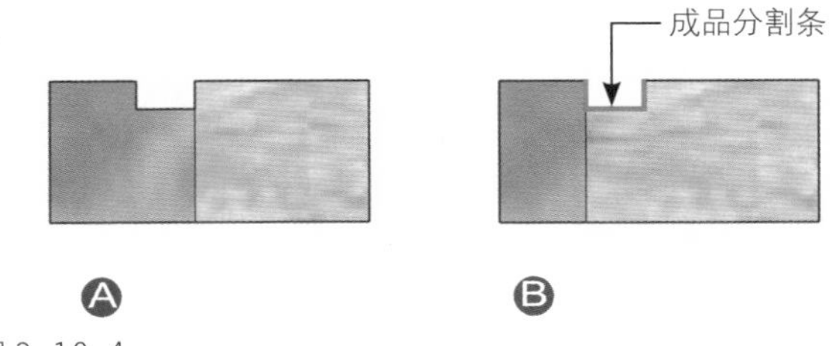

图 3-10-4

当同一个面层既有石材饰面又有质感涂料饰面时，两者之间最好能通过留缝的方式进行分割，尽量避免硬接，图 3-10-1 涂料和石材硬接部位观感较差。留缝可以通过成品分缝条（图 3-10-2）或者石材线脚等方式来过渡（图 3-10-3）。另外涂料面层也可以止于一个阴角处，通过一个线角来收头。

图 3-10-2

图 3-10-3

图 3-10-1　石材和涂料硬接部分观感较差
图 3-10-2　利用成品分缝条作为石材和涂料面层间的过渡
图 3-10-3　涂料面层收止于阴角也不影响整体观感
图 3-10-4　节点示意图
图 3-11-1　常见花坛墙形式
图 3-11-2　花坛墙轴测示意图
图 3-11-3　花坛墙与院门三种不同的交接方式

图 3-11-1

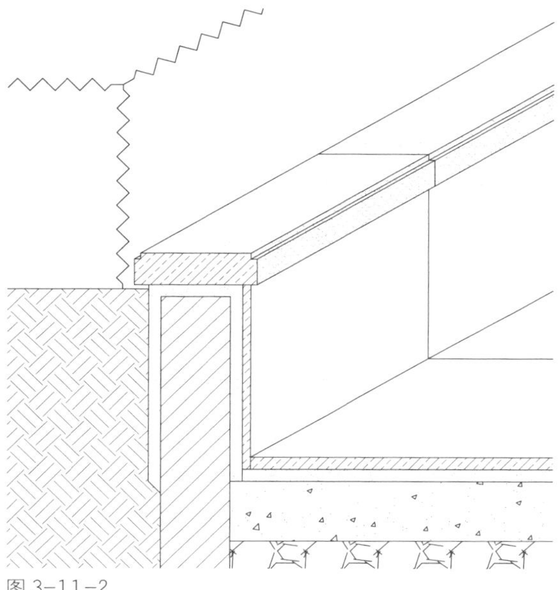
图 3-11-2

花坛是景观设计中常见的景观元素之一，常用来分割不同的功能空间，也可以用来缓解和过渡高差，沿墙体增加一些花坛可以丰富景观立面。在后期施工图深化设计中这些花坛的施工图表达往往就是一个剖立面图，对于中规中矩的花坛而言深度足矣，如图 3-11-1 所示花坛。但如果这些花坛墙还与其他墙体或部位产生关系，常规的剖立面图深度就不够了，还需要将花坛与其他墙体交接方式在图纸中详尽表达。图 3-11-3 中有花坛与院门的三种交接方式，设计需要从功能和效果出发来确定选用哪一种交接方式。节点 A 所示的交接方式能保证院门的完整性，节点 B 可以将花坛墙宽度与院门框宽度统一宽度使得花坛与门框在同一完成面上，节点 C 如果院墙上靠近院门边有可视对讲机需要考虑预留一定的空间来作为站立停留区或者可以摆放其他景观小品作为装饰点缀用。

图 3-11-3

图 3-12-1

图 3-12-2

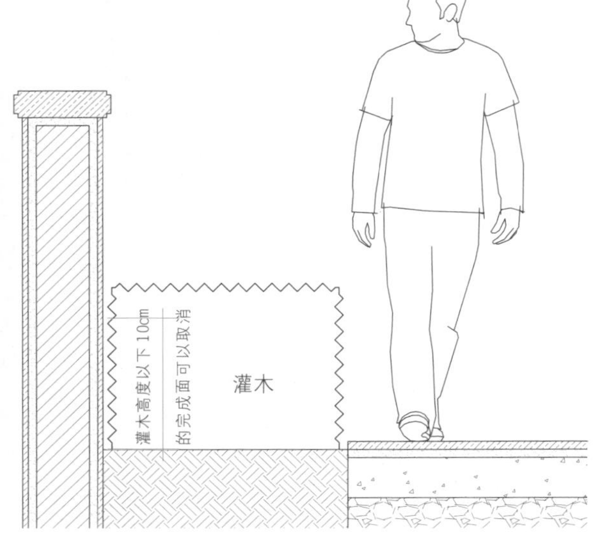

图 3-12-3

红花还需绿叶配，景墙前面的绿化不仅可以起到美化作用还能将墙面上一些瑕疵遮掩。如果墙体前面种植的是密实度较高的灌木丛，景墙上面的装饰面几乎没有展现的余地。

从成本角度出发这未尝不是一件好事。在设计阶段可以根据景墙前面设计的植物品种和高度来确定墙体的可视部分，现场施工时将可视部分的完成面实施即可，余下的待植物完工后就自动将墙体裸露面遮挡了。如果不看图 3-12-2 很难想到图 3-12-1 灌木丛背后的墙面部分是未贴面的。

同时我们也可以利用绿化的这一特殊属性来减免很多墙体基础线角设计，特别是围墙、院墙甚至是建筑立面上的线脚，都可以优化甚至取消，如图 3-12-4、图 3-12-7 等图所示，绿化种植后基础的线脚都被遮挡。

另外在一些墙地交接部位，也可以增加一定的绿化空间，利用植物来弱化墙地间的接缝，改善视觉效果，如图 3-12-5 所示。

图 3-12-4

图 3-12-6

图 3-12-5

图 3-12-1　绿化掩映下的景墙
图 3-12-2　景墙贴面施工过程
图 3-12-3　节点示意
图 3-12-4　院墙前的种植区整理土方
图 3-12-5　本岸项目花坛
图 3-12-6　围墙基础优化前的线角设计
图 3-12-7　绿化种植后围墙基础部分的线脚都被遮挡了

图 3-12-7

图 3-13-1

图 3-13-2

图 3-13-3

图 3-13-4

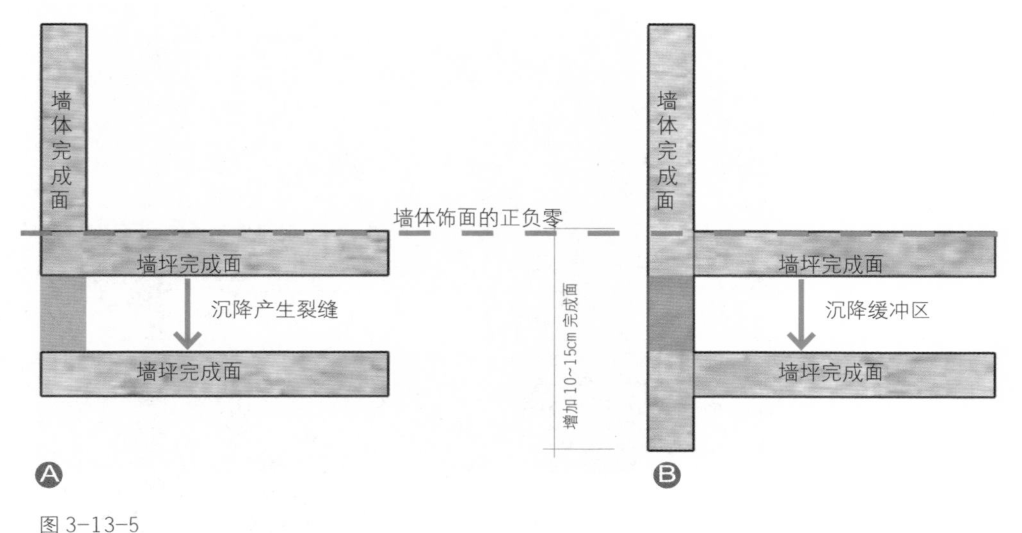

图 3-13-5

现场施工过程中由于工期紧张等原因在土方回填后还未待自然沉降地面就已经开始施工，特别是在与建筑立面相接部分，因为建筑墙体结构结实，而景观地面都是后期回填土，很容易因沉降而产生裂缝。除了上文中提到的可以利用增加种植区作为墙地面交接的缓冲区外，如果是硬碰硬的部分可通过适当增加一部分墙体饰面作为沉降缓冲区或者是调整墙地面的施工顺序来改善沉降裂缝。

图 3-13-5 中节点 A 所示，如果是墙压地，那只要有沉降裂缝就会很明显；如果是节点 B，地靠墙，墙体在地坪完成面以下再增加 10~15cm 的贴面作为缓冲区，地面有稍许的沉降是不会产生裂缝的（在台阶施工中也可以参照此法将台阶最下一级的踏进面加大）。沉降本身就是应该在施工中必须杜绝的现象，本文只是探讨尽可能改善因少许的自然沉降而引起的裂缝问题。

图 3-13-1 / 图 3-13-2 / 图 3-13-3 / 图 3-13-4
施工过程中产生的自然沉降，修补前后对照
图 3-13-5　节点示意图

图 3-14-1-1

图 3-14-1-2

图 3-14-1-3

图 3-14-2

图 3-14-3

图 3-14-4

图 3-14-5

真石漆主要采用各种颜色的天然石粉配制而成，完成后效果较为逼真，酷似天然石材。真石漆具有防火、防水、耐酸碱、粘结力强等特点。景观上常将其与天然石材一起搭配使用。选用真石漆作为立面装饰材料需要注意如下事宜：

1. 根据设计要求确定真石漆小样并现场做样供确认；

2. 在水泥砂浆层根据设计提供的立面分缝图将分缝材料预埋到位再用柔性抗裂腻子找平；

3. 上底漆用于提高真石漆的粘结强度；

4. 喷涂时注意与喷涂对象距离，站得太近原料散不开，很容易导致喷涂不均匀；

5. 描缝，根据设计效果对立面分缝线用描缝漆上色。

施工过程中注意用报纸或其他隔板对周边非喷涂部位做好成品保护工作。

图 3-14-1　围墙真石漆饰面过程图

1. 柔性抗裂腻子找平

2. 相邻完成面做好成品保护工作

3. 完成后效果图

图 3-14-2 / 图 3-14-3

真石漆与石材效果对比

图 3-14-4　真石漆小样与样板段效果对比

图 3-14-5　分缝线处理

项　　目：苏州万科本岸三期 . 见滨园
景观设计：上海意格

PART 04 景观构筑物

- 构架基座节点
- 防腐木立柱安装
- 单臂悬挑花架
- 灯具安装及管线预埋方式
- 混凝土立柱

图 4-1-1

图 4-1-2

图 4-1-3

图 4-1-4

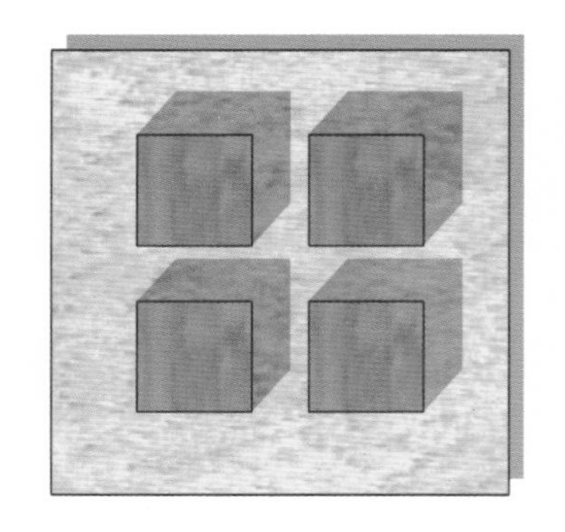

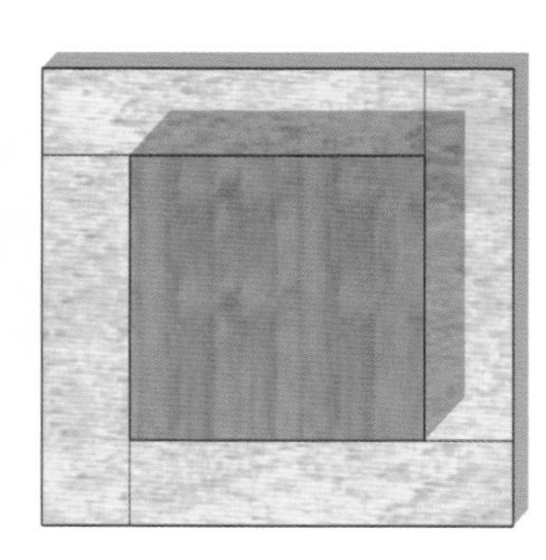

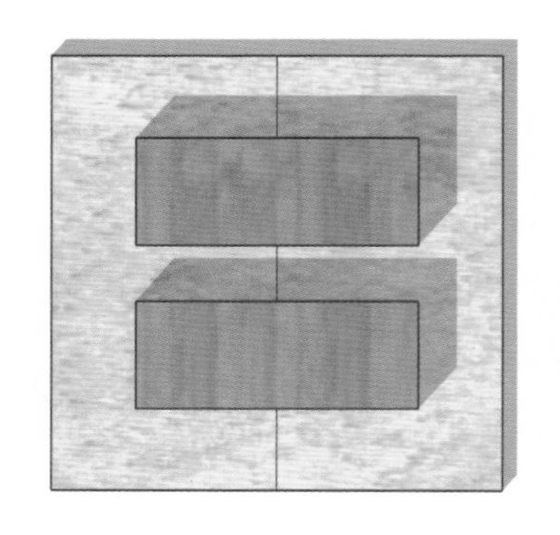

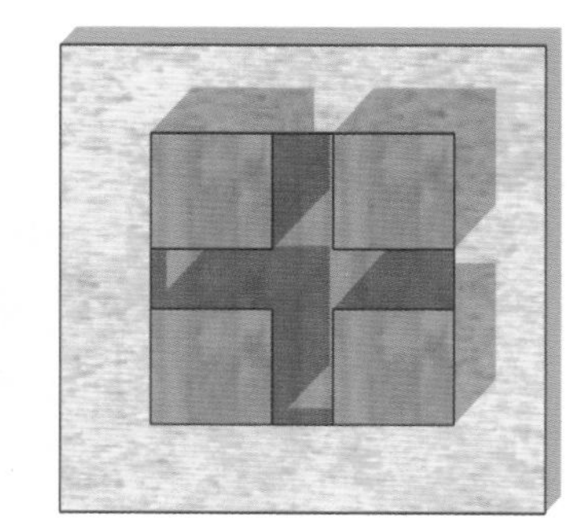

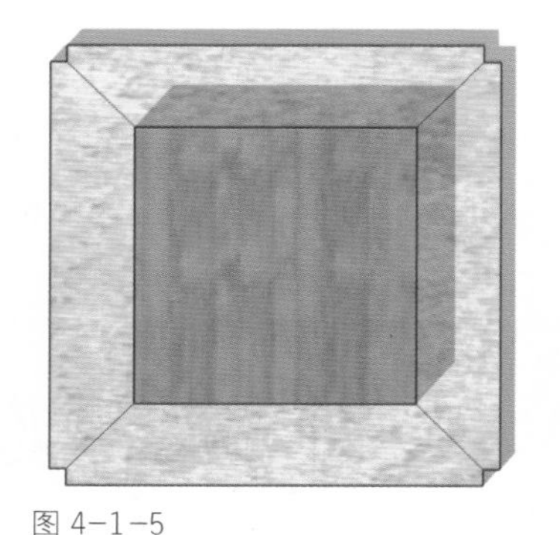

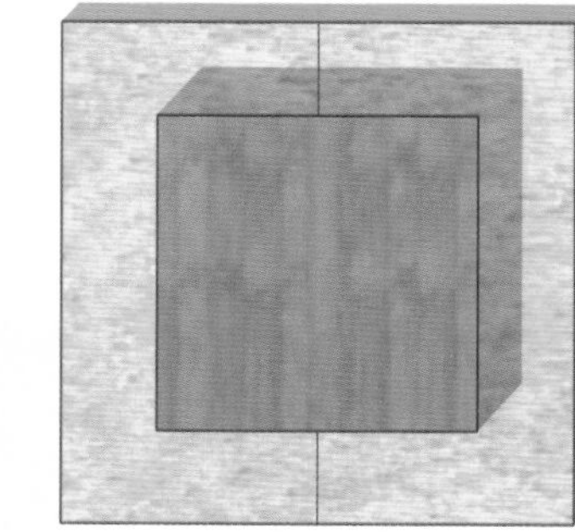

图 4-1-5

图 4-1-1　石材基座转角处理同景墙转角一样尽量避免 45° 密拼

图 4-1-2　石材基座贴面采用海棠角拼法

图 4-1-3　定制加工的基座石材

图 4-1-4　防腐木与石材基座交界面增加防变形产生裂缝的踢脚线

图 4-1-5　常见防腐木立柱与石材基座交接方式

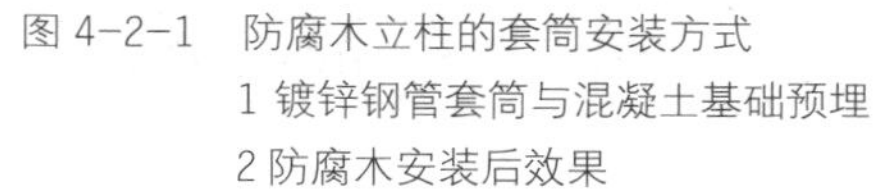

图 4-2-1　防腐木立柱的套筒安装方式

1 镀锌钢管套筒与混凝土基础预埋

2 防腐木安装后效果

图 4-2-2 / 图 4-2-3

防腐木不同的固定方式参考

景观构架在设计和施工时需注意如下几点事项：

1. 若构架基座采用石材作为装饰面，压顶和转角部位石材拼贴方式可参考前文提及的景墙压顶和侧贴面的处理方式；

2. 若构架采用防腐木作为立柱，注意防腐木与石材基座之间的交接处理，两者的膨胀系数不一样，在外界因素影响下，木材的耐候性较差，在交界面上容易因冷热伸缩产生裂缝；

3. 若构架采用防腐木立柱，则设计节点需详尽标明立柱的安装方式，无特殊需求建议采用套筒固定方式，简单实用、安全牢固；

4. 构架若为单臂悬挑花架，建议立柱和格栅均采用铝合金或方钢材料，防腐木后期受力不均极易变形，存在安全隐患，也影响观感。图 4-3-1 花架格栅采用的是 200mmx50mm 的防腐木格栅，在悬挑部分就因受力不匀产生沉降和自然变形等现象；

5. 设计图纸需注明立柱壁灯的安装高度及灯具管线的预埋方式，尽量暗藏处理。若管线不能提前预埋，可选择一非近人尺度的立柱面将管线引至构架顶部，从横梁上面分别引线到各立柱上；

6. 遇到非常规尺寸的防腐木立柱，可以采用混凝土结构 + 涂料饰面的方法来代替防腐木，施工方便快捷，外观效果真假难辨，如图 4-5-3 所示。

图 4-2-1-1

图 4-2-1-2

图 4-2-2

图 4-2-3

图 4-3-1-1

图 4-3-1-2

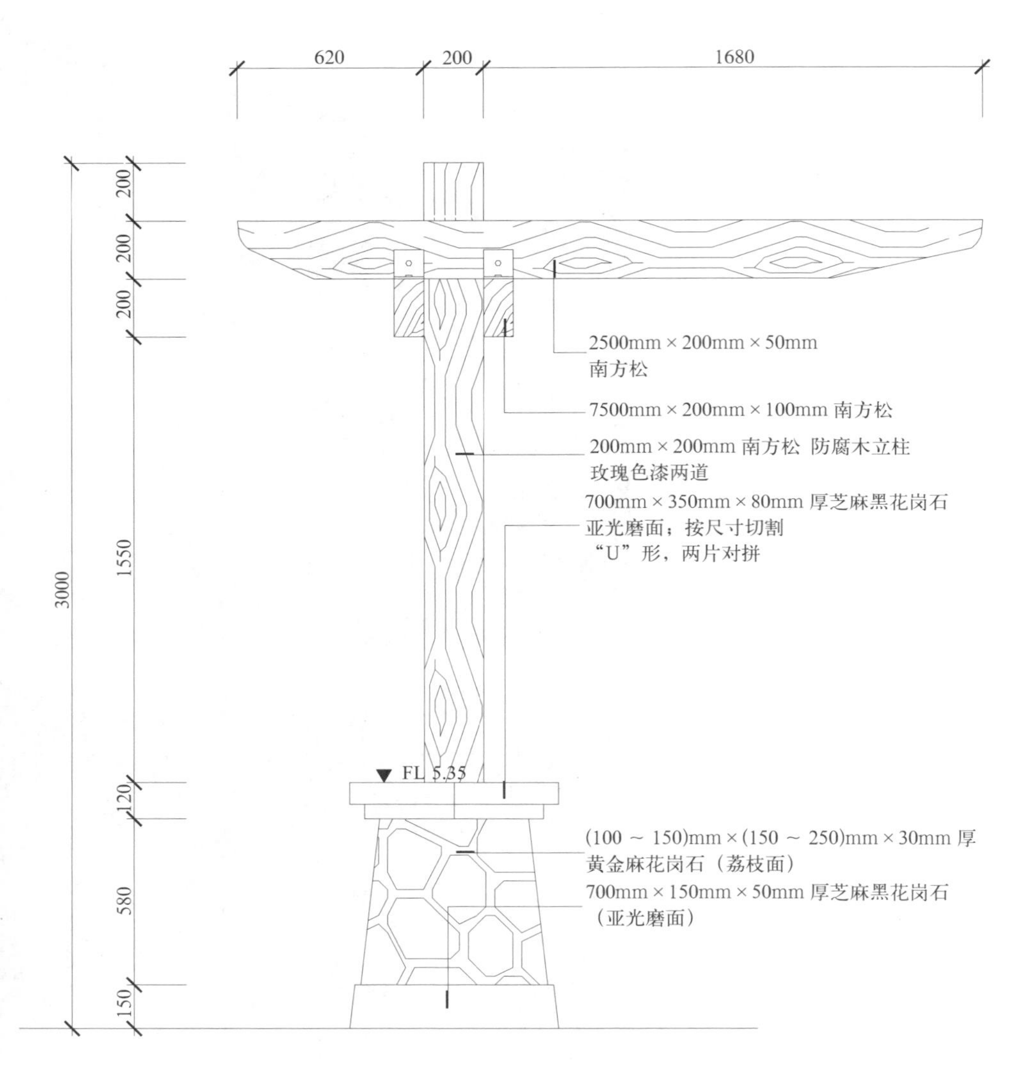

图 4-3-1-3

图 4-4-1

图 4-4-2

图 4-3-1　单臂悬挑花架

1 施工过程照片

2 1 年后格栅沉降及自然变形

3 设计节点示意

图 4-4-1　防腐木立柱上的管线槽应用腻子批平，与立柱一同上漆

图 4-4-2　立柱上的灯具管线暗藏处理

图 4-4-3　可以从花架横梁上走线再分别引线到各立柱灯具点位（图中红色虚线所示），避免每根立柱都去开槽预埋电线

图 4-4-4　混凝土立柱采用管线预埋方式

图 4-4-3

图 4-4-4

图 4-5-1

图 4-5-3

图 4-5-2

图 4-5-4

图 4-5-1 / 图 4-5-2
图 4-5-3 / 图 4-5-4
施工前后效果对比

项　　目：苏州．长风别墅
景观设计：上海意格

项　　目：苏州·万科城
景观设计：杭州安道

PART 05 景观水景

- 水景营造常见问题
- 硬质池底处理
- 池底种植槽
- 水景灯光常见问题
- 水景泵坑处理
- 水景栏杆要求
- 池壁案例参考

水，从来都是设计师们的最爱，也是设计中最出彩、最吸引人的景观之一。郭熙在《林泉高致》中如此形容水——“水，活物也。其形欲深静，欲柔滑，欲汪洋，欲四环，欲肥腻，欲喷薄，欲激射，欲多泉，欲远流，欲瀑布插天，欲溅扑如地，欲挟烟云而秀媚，欲照溪谷而生辉，此水之活体也”。

随着水景被广泛应用于各类开发建设的同时，在设计和施工营造等方面也存在相应的一些问题，本文结合实际案例对水景应用从设计到现场施工再到后期维护等方面进行综合分析，归纳一些容易被忽略和容易出现问题的地方供各位讨论。

在方案设计过程中，经常会发现设计师为了追求水景形态的多样化而设计形状各异的水池，如果考虑稍不周全不仅效果得不到保证反而可能成为设计中的败笔。图 5-1-1，设计师为了营造多面和宽窄不一的跌水效果，将池边做了一些曲折，出发点是很好，但根据水流的规律，在大面直角转弯的地方是形不成水幕效果的，因为水流只会选择最利于它流动的行径，最后形成的效果就会是临出水口的跌水面有水，而转角面就无水可言。

还有一些设计，在跌水面上穿插设计了一些花坛，但在设计深化的时候，花坛墙上的出水口细部设计不合理，水流量不够导致同一个跌水面形成的水幕不均匀，观感较差。

水景设计不能仅流于表面形式的推敲，更应该按照水景形态仔细计算水流量大小，预埋的管径是否足够，水泵的功率是否合理，喷头大小是否恰当。

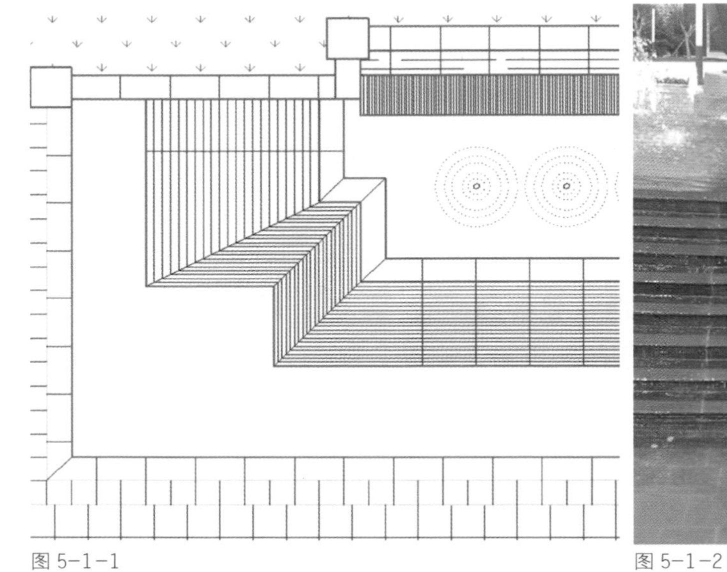

图 5-1-1

图 5-1-2

图 5-1-3

图 5-1-4

图 5-1-5

水作为美景展现在人们眼前的时候总是令人惬意的，但对于水景的维护同样让人心存担忧。目前国内水景水源主要来源于三个方面，一是借用天然江河湖泊的纯自然水景；二是经过处理的雨（中）水回收；三是自来水。人造水景的水源绝大部分是以自来水为主。对于住宅中的水景来讲，在销售期间为了营造景观氛围，水景一般是常开状态，一旦进入交付状态物业接管之后，原来的水景基本就成了摆设。

水景如果没有良好的水质作为保证，不管是在观感上还是在亲水性上都会大打折扣。特别是夏季水温较高，随着尘埃飘落水中，藻类滋生导致水质恶化使水体浑浊严重影响观感，常规半个月左右需要换水一次，加上水池的不定期清理，水泵维护，消毒等维护，水景的日常维护费用相比其他管理费要高出不少。建议方案设计中除非项目本身有很好的自然水景资源，后期应尽量避免有大面积的人工水景出现，如出于效果考虑可以设置点式水景或旱喷（溪）等性质的水景，既能保证即时的观赏效果又能适当减免后期的维护管理。

图 5-1-1　设计示意图
图 5-1-2　因水泵功率和补水管径偏小导致跌水未形成水幕效果
图 5-1-3　出水口设计不合理导致未能形成水幕效果
图 5-1-4 / 图 5-1-5　鹅卵石池底清理前后效果对比

图 5-2-1

图 5-2-3

图 5-2-2

图 5-2-4

常规人工水景会采用花岗石贴面的形式将池底进行装饰，如图 5-2-1 中池底采用 100mmx100mm 烧面和自然面的芝麻灰花岗石凹凸铺贴以形成水体波光粼粼的感觉。图 5-2-2 池底花岗岩留缝铺贴，在石材下方设有出水口，水从留缝中静静溢出起到一个平衡水压的效果，这种处理方式常用作镜面溢水池。

也有一些水体在池底花岗岩铺设完成后再在上面散铺一些花岗岩，以体现自然之感，但这些散置的鹅卵石会加大后期的维护难度（图 5-2-3），在清理池底的时候需要将这些鹅卵石一一冲洗干净再放回原处。另外如果要散置鹅卵石，可以采用直接镶嵌法将鹅卵石用作水池池底的饰面，这样不仅方便后期打理也更显自然，如图 5-2-4。

图 5-2-1　上海浦东新嘉里中心池底做法
图 5-2-2　杭州万科良渚项目池底做法
图 5-2-3　苏州玲珑湾项目中物业人员利用高压水枪清洗池底
图 5-2-4　苏州万科长风项目池底做法

图 5-3-1-1

图 5-3-1-3

图 5-3-1-2

图 5-3-2

图 5-3-1　苏州玲珑湾项目水景

1 用砖砌出水生植物种植区

2 铺设鹅卵石

3 完成后效果

图 5-3-2　苏州本岸项目水景

图 5-4-1

图 5-4-2

图 5-4-3

图 5-4-4

有水景的地方就会有灯光，常见的水景灯光可以分为动态照明、静态照明和轮廓照明。在水景灯光设计的时候要依据不同的水体形态来对灯具选型。如果是要表现喷泉的动态美，可以在喷头下方选用地埋式射灯；如要表现静态水，需要对水岸的景物加以照射，表现镜面水的倒影效果，或者沿池壁和平台下方安装LED灯以勾勒出水体轮廓表现出线条美。图5-4-1中锦鲤在侧壁灯的照应下遍体金色，画面静怡安然。水池侧壁灯除了灯具选型外最关键的是灯具的安装方式，对于池底射灯最好能选择地埋款式，如果选择的是可以调节灯头朝向的，现场安装时需要注意管线的隐蔽处理，图5-4-2中射灯管线未能暗藏，除了有一定的安全隐患外观感也不是很好。对于喷泉底下的射灯我们可以选择喷头射灯一体的款式，不仅能保证照明效果还能减少现场施工麻烦，如图5-4-3所示。如果要表现景墙跌水的动态美，可以将LED灯暗藏在每级跌水面上，不仅解决了灯具本身外露的问题还可以将整面跌水效果表现的淋漓尽致。

图 5-4-1　侧壁灯与鱼
图 5-4-2　水底射灯管线外露
图 5-4-3　喷泉喷头与射灯
图 5-4-4　水底射灯安装位置无照体
图 5-4-5 / 图 5-4-6
日本 MIDTOWN 跌水采用 LED 灯暗藏
图 5-4-7　跌水面上不宜选用点式的射灯，
既不能照亮水体，无跌水时也影响观赏效果

图 5-4-5

图 5-4-6

图 5-4-7

水景泵坑处理

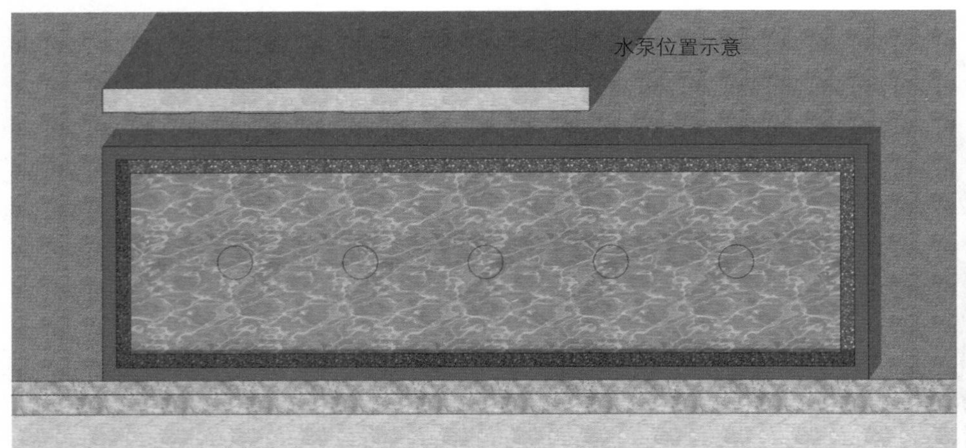

图 5-5-1-1

图 5-5-1-2

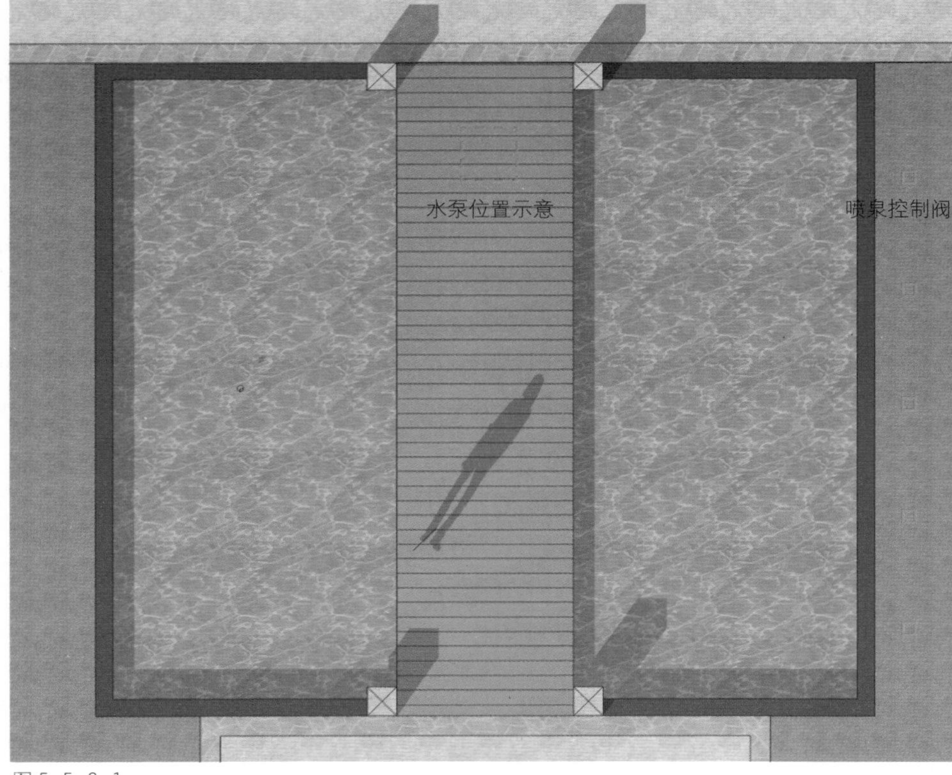

图 5-5-2-1

图 5-5-2-2

图 5-5-3

图 5-5-4

图 5-5-5

图 5-5-6

图 5-5-7

常规水景的泵坑设计都是选择在水池的非近人尺度，上面用穿孔花岗石或者不锈钢格栅作为泵坑井盖。如果水面较大倒无妨，但如果水池深度较浅，面积和场地受限，泵坑不一定非要设置在池底，可以在水景周边选择一个相对隐蔽的地方，比如水景边的观景平台或木栈道下方，也可以选择在水池边的种植区里，上方用绿化双层井盖进行处理。这样既不影响功能又不影响水池整体观感。图 5-5-1 水景泵坑设置在水池边缘的种植区中用绿化双层井盖进行遮掩，图 5-5-2 中水景泵坑设置在水池中间的木桥下方。

对于一些水景喷头的调节阀门，常见的处理方式是在喷头下方直接加调节阀，对于一些浅水池来讲，喷头加上阀门的高度有可能高出水面，水景开启的时候还好，没开时我们看到的就是一个个伸出水面的喷头。另外如果阀门在喷头下方，在喷泉调试阶段人必须下水才能进行调控，对于后期管理也不是很方便，如果把调节阀统一安装在水池边不仅方便管理，在一定程度上也能改善观感效果，如图 5-5-7 所示。

图 5-6-1

图 5-6-2-1

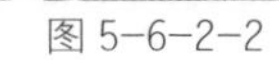

图 5-6-2-2

图 5-6-3

小区内部的人工水景在设计时要控制好水体深度，特别是岸边的近人尺度范围内，水深最好能控制在50cm以内，水深超过35cm的建议加设防护栏杆，栏杆形式可以根据整体设计风格另行确定。图5-6-1利用防腐原木设置的低矮栏杆，不仅能有隔离警示作用同时也可以让行人稍作休息。水深超过50cm的栏杆在转角部位要注意连接连贯性，避免存在防护盲区有安全隐患，如图5-6-3所示。另外也可以将池壁设计为台阶状，渐入式入水，不仅解决了安全隐患也加强了水景的亲水性。

图5-5-1　苏州万科城水景泵坑位置示意及施工现场
图5-5-2　苏州金色里程水景泵坑及喷泉控制阀位置示意及施工现场照片
图5-5-3　南京某项目水景中用不锈钢钢丝网作为泵坑井盖
图5-5-4　南京某项目水景用穿孔石材作为泵坑井盖
图5-5-5　苏州某项目中用不锈钢格栅作为泵坑井盖
图5-5-6　昆山锦绣蓝湾项目水景
图5-5-7　苏州金色里程项目水景喷泉的控制阀
图5-6-1　苏州金域缇香项目水景防护栏杆
图5-6-2　苏州新都会项目转角栏杆改造前后
图5-6-3　苏州玲珑湾项目水景利用台阶渐入式入水
图5-6-4　苏州本岸项目水景

图5-6-4

图 5-7-1

图 5-7-2

图 5-7-3

图 5-7-4

图 5-7-1　苏州玲珑湾项目池壁处理

图 5-7-2　苏州金域缇香项目池壁处理

图 5-7-3　杭州金色家园项目驳岸处理

图 5-7-4　苏州玲珑湾项目驳岸处理

PART 06 停车位和台阶

- 停车位常见材料
- 停车位常见问题
- 停车位设计节点参考
- 台阶常见问题
- 台阶收头处理
- 台阶节点示意
- 台阶案例参考
- 台阶灯具安装案例参考

图 6-1-1

图 6-1-2

图 6-1-3-1

图 6-1-3-2

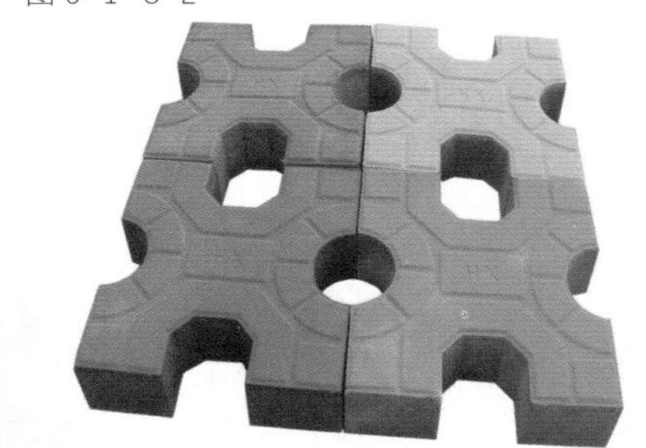
图 6-1-3-3

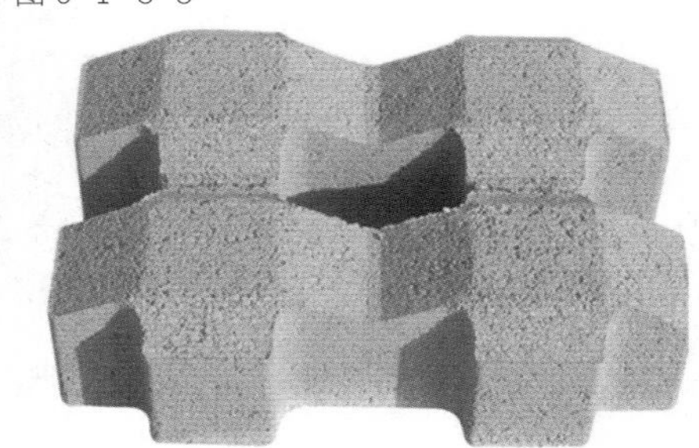
图 6-1-3-4

地面停车位常见铺装材料为植草砖和植草格两种。植草砖市面上又主要分九孔型、井字凹凸型和八字型等。结合停车功能和后期草坪生长环境来看，选用井字凹凸型植草砖较为合适。九孔型植草砖表面平整，轮胎很容易碾压到草坪导致生长不良影响观赏效果。植草格是采用改性高分子量 HDPE 为原料压制而成，虽然抗压耐磨系数较高，草坪也能长势良好，但在耐候性方面较前者相比还是要差一些。但在消防车道、登高面及消防回车场等车辆使用频率较低的空间使用是首选材料。

另外在商业空间或其他有特殊设计需求的也可以直接铺设花岗石或水泥砖等硬质铺装材料。石材最好在 8cm 以上。

图 6-1-4

图 6-1-5

图 6-1-6

图 6-1-1　井字凹凸型植草砖铺设效果
图 6-1-2　凹凸的外形设计能避免草坪被轮胎碾压
图 6-1-3　停车位铺装材料
1 植草格
2 八字型植草砖
3 九孔型植草砖
4 井字凹凸型植草砖
图 6-1-4　凹凸型植草砖草坪长势良好
图 6-1-5　八字平型植草砖草坪长势较差
图 6-1-6　苏州万科城项目利用陶土砖作为停车场的铺装材料

图 6-2-1

图 6-2-2

图 6-2-3

图 6-2-4

图 6-2-5

停车场是属于功能性场地，与之相关的设计规范也非常的完善，相比于水景、景观构筑物等其他元素的设计要简单得多。或许就是因为其简单反而让人容易忘记其最基本的功能诉求。图6-2-1中停车位间的绿化种植区没有倒角，车辆进出容易伤到轮胎，侧石本身也容易被压坏；图6-2-2中，设计师在停车位侧边设计了高于15cm的花坛挡墙，如果停车稍微靠边开门就会撞到，上下车也很不方便；图6-2-3、图6-2-4设计师很理想化地设想停车位中间应该不会被轮胎压到，但有多少人在停车时注意到这点。

停车位采用植草砖作为铺装面层能增加绿化面积提高绿化率，但为什么很多植草砖停车位仅能满足短期效果，时间一长，砖窝里的草坪全部死亡。特别是夏季炙热的天气下砖体温度非常高，加上植草砖基层本身种植土含量就不高，如果养护不到位短短几个小时草坪就会被烤死。

另外砖窝里的草坪种类也很重要，现在住宅类草坪常常选用的是沙培果岭草（矮生百慕大＋黑麦草），但这两种草较为娇贵，对于养护要求比较高，不适合种植在植草砖中，应该选用抗旱、耐践踏能力强品种，如结缕草、狗牙根等。

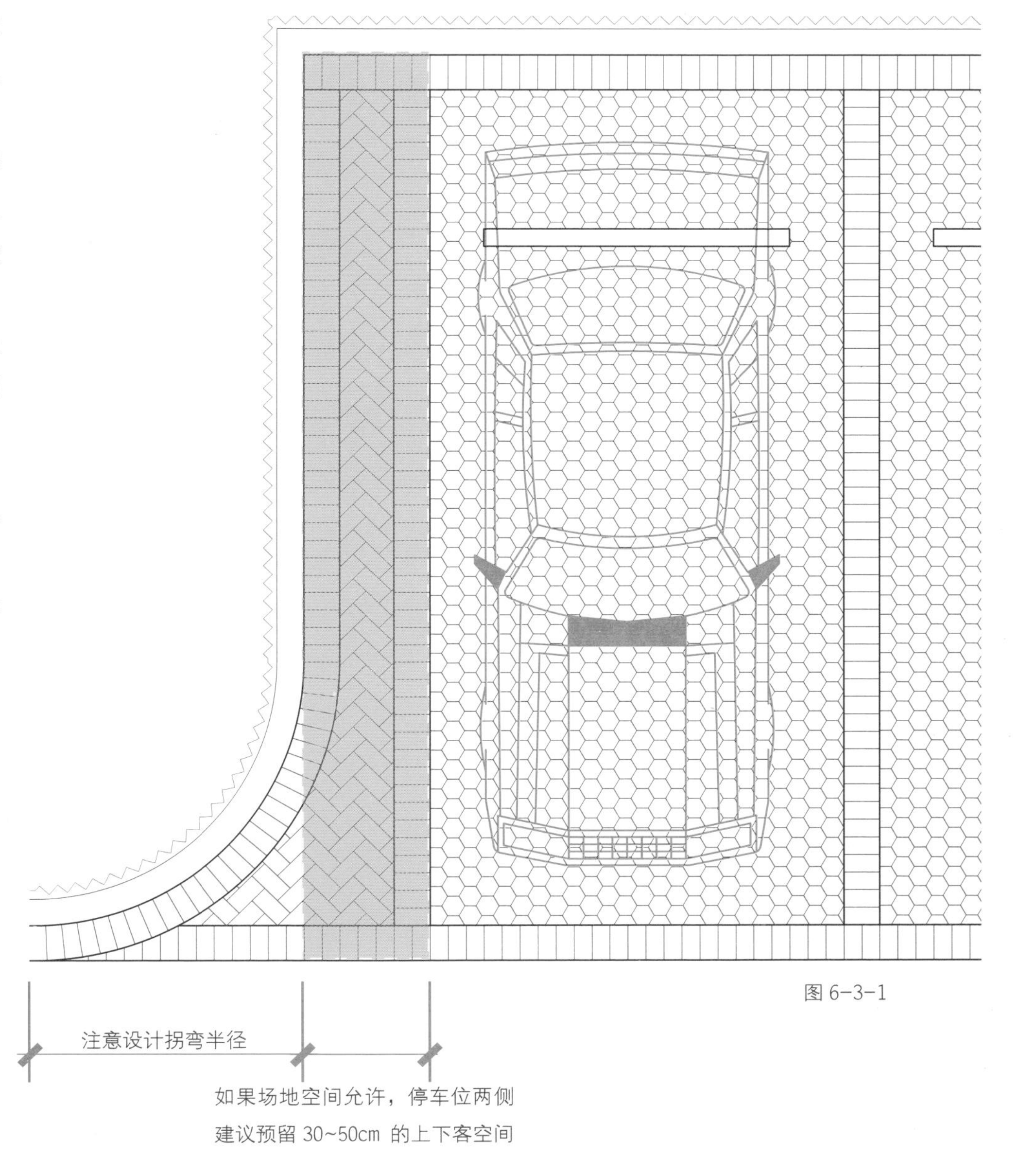

图6-3-1

图6-2-1　停车位两侧进出口位置需要倒角处理，拐弯半径不小于50cm
图6-2-2　停车位两侧1m以内不宜设计花坛及其他类型的墙体，以免影响开门上下客
图6-2-3 / 图6-2-4　停车位在满足功能前提下宜采用同一种铺装材料
图6-2-5　如场地空间允许停车位两侧可适当增加30~50cm用来上下客
图6-3-1　停车位节点示意图

图 6-4-1

营造场地间不同高差最常见的解决方案是台阶和坡道，特别是在空间相对狭窄的地方，台阶比坡道的运用更游刃有余。

台阶作为我们经常用到的功能性设计元素在设计过程中有许多细节处理值得去推敲研究。图 6-4-1 中的台阶踏面宽度大约在 350mm 左右，在户外是一个较为舒适的尺度，两侧也都设有挡墙和防护栏杆，总体而言设计比较周全。但在台阶照明处理手法上细节不够人性化，虽然满足了台阶的基本照明，但由于台阶连续级数太多，灯具又设置在台阶踢进面上，在上台阶的过程中，灯光一直都会闪耀在正前方，这个感觉会不太舒服。

台阶设计时应注意以下几点：

1. 台阶的高宽比，单级高度不宜大于 15cm，宽度（踏面）不应小于 30cm，户外台阶高度以控制在 12~15cm，踏面宽度在 35~50cm 之间为宜，连续级数应在 2 级以上，连续超过 10 级以上宜设置停留休憩平台；

2. 踏面材料需做防滑处理，如烧面、荔枝面等，也可在踏面端头设置防滑槽，防滑槽的深度控制在 3~5mm；

3. 踏面需适当找坡以便于排水，如果台阶连续级数在 10 级以上建议在台阶两侧设置导水槽，避免雨量大时在台阶上形成瀑布水流；

4. 如台阶采用防腐木等其他木制品，需要在每级台阶边缘设置警示条，因为木饰面的台阶在下台阶时由于材料属性关系存在视觉误差，有一定的安全隐患，如图 6-4-3 所示。

在施工过程中，应根据地质情况将台阶与上下相邻空间的结构发生植筋关系以避免因沉降而导致台阶的开裂现象。

图 6-4-1　苏州某商业空间的台阶处理
图 6-4-2　台阶踏面较窄行走的舒适度较差
图 6-4-3　木饰面台阶在视觉效果上有误差，容易踏空有一定的安全隐患
图 6-4-4　灯具尽量避免安装在台阶正中间位置
图 6-4-5　台阶的防滑槽太深，受重力容易断裂
图 6-4-6　台阶踏面细部处理【绿城 . 留庄】

图 6-4-2

图 6-4-4

图 6-4-6

图 6-4-3

图 6-4-5

图 6-5-1

图 6-5-2

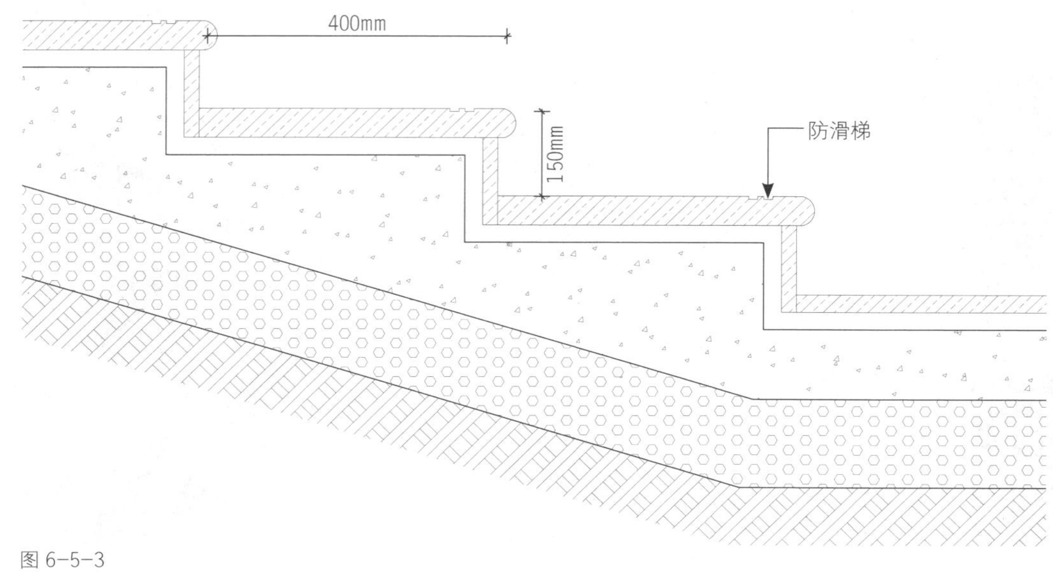

图 6-5-3

在表达台阶设计节点时我们通常的做法是画一个标准的台阶断面图通用到整个项目里面去，如图 6-5-3 所示，然而台阶与相邻侧墙立面有无关系没有任何节点表示。图 6-5-1 与图 6-5-2 单看台阶都没有问题，但细看台阶与侧墙贴面的交接，细节表达是否到位就一清二楚。图 6-5-1 中侧墙石材的分缝跟台阶是存在模数关系，而图 6-5-2 中台阶归台阶、墙体归墙体，两者之间没有交圈关系。

如果台阶级数较少两侧没设挡墙，可以利用景石或者灌木收边的形式将台阶作一个收头处理。景石摆放时注意与台阶要有咬合，局部空隙可以利用麦冬、云南黄馨等植物填补。

图 6-5-4

图 6-5-5

图 6-5-6

图 6-5-7

图 6-5-1　杭州良渚项目中台阶细部处理

图 6-5-2　无锡某项目台阶细部处理

图 6-5-3　台阶标准节点示意

图 6-5-4 / 图 6-5-5

利用景石作为台阶收头处理

图 6-5-6 / 图 6-5-7

利用灌木作为台阶收头处理

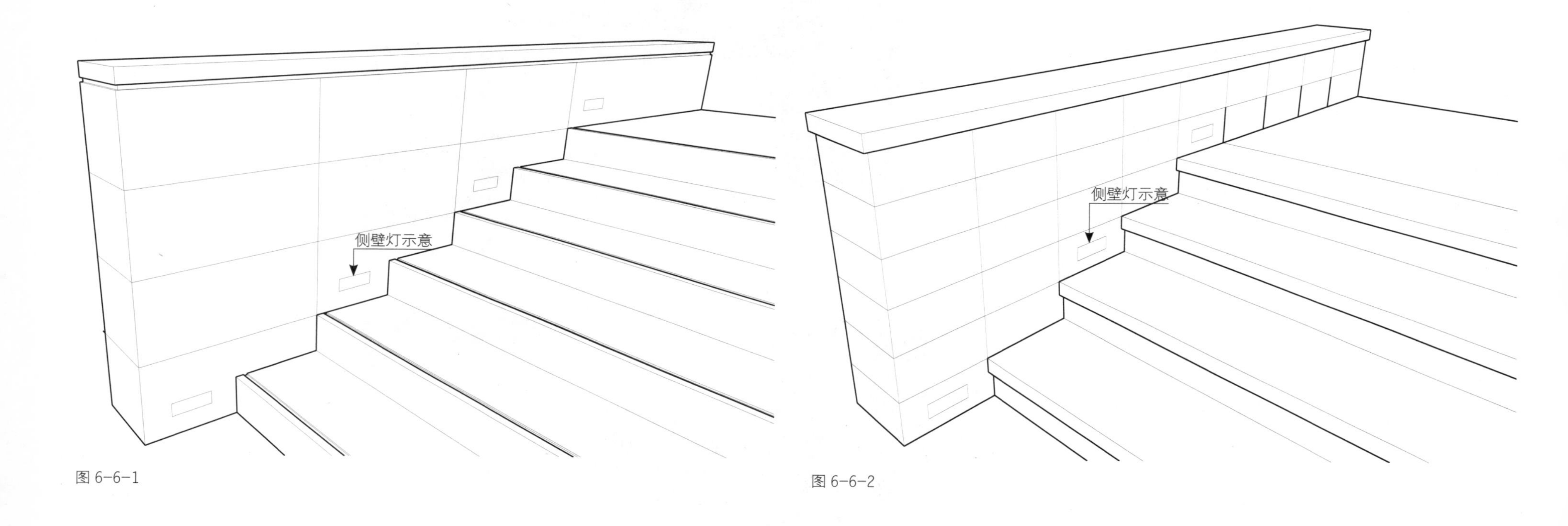

图 6-6-1

图 6-6-2

图 6-6-1 / 图 6-6-2

台阶细部节点处理参考，利用轴测图将台阶与侧墙，灯具安装位置关系详尽表达

图 6-7-1

图 6-7-2

图 6-7-3

图 6-7-4

图 6-7-5

图 6-7-6

图 6-8-1

图 6-8-2

图 6-8-3

图 6-8-4

图 6-7-1
日本 Osaka city 台阶细部节点
图 6-7-2
日本 Osaka city 台阶细部节点
图 6-7-3
深圳长隆酒店台阶细部
图 6-7-4
日本 MIDTOWN 台阶细部节点
图 6-7-5
日本 MIDTOWN 台阶细部节点
图 6-7-6
苏州玲珑湾项目台阶细部节点
图 6-8-1
日本某商业空间台阶灯具细节
图 6-8-2
日本 MIDTOWN 台阶灯具细节
图 6-8-3
日本 MIDTOWN 台阶灯具细节
图 6-8-4
苏州晋合金湖湾台阶下灯带细节

项　　目：苏州．玲珑湾
景观设计：日本EDESIGN

PART 07 景石

置石是景观设计中常见的表现元素之一，少则一两片，寸石生情；多则绵延成脉，峰峦洞壑。不管量多量少，关键在于意境的营造和表达，一山一石需耐人寻味。根据不同设计需求将景石分为孤置、散置、群置等表现手法。孤置景石常见于视觉焦点之处，如入口、桥头、广场中央、道路交叉口等，石材造型突出，体量较大，具有独特的观赏价值。散置常用奇数块景石，三、五、七、九等，所谓“攒三聚五，散漫理之，有常理而无定势”，散置关键在于彼此间的呼应关系，有聚有散、主次分明。现场摆放时不仅要关注立面上的高低关系，平面上的位置也要有进退。群置常见于驳岸或高差处理，高低大小，主次分明。总之不管采用何种配置方式，一定要做到疏密有致，虚实相间。

图 7-1-1

图 7-1-2

景石进场时间一般控制在硬质景观区基础浇筑完毕面层还未施工前为宜，过早摆放较难控制与硬质景观的交接和标高关系，如图 7-1-1，景石与道路铺装关系咬合太多，影响通行，存在安全隐患；再晚也不行，面层都施工完了再摆放景石就与铺装没有咬合关系，单单漂在上面，没有生根，缺少稳定性。

景石摆放强调深埋浅露，有断有续，特别是在道路交叉口或在地形中成片群植时，更是要做到有聚有散、脉络显隐。图 7-1-3 在道路两侧景石形状差异太大，高低间虽有些变化，但没有形成良好的呼应关系。图 7-1-4 同样的问题，景石都在道路的同一侧，画面缺少均衡统一，与相邻的台阶也没有咬合关系。

图 7-1-3

图 7-1-4

图 7-2-1

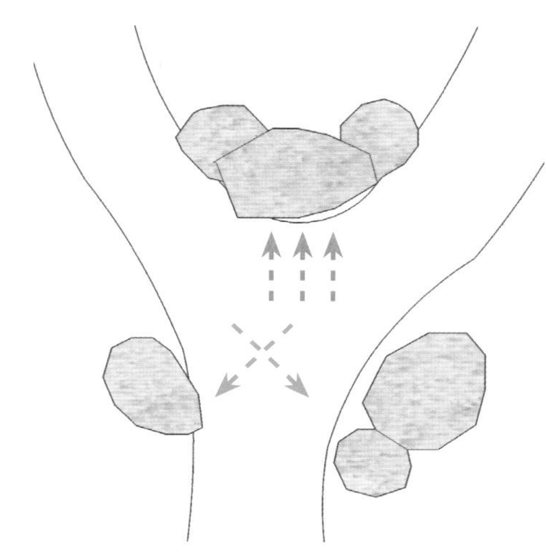

三叉路口景石摆放注意跟人行流线的关系，最佳展示面应对主视方向，同时三者之间注意景石间的大小、高低等主次关系。

图 7-2-2

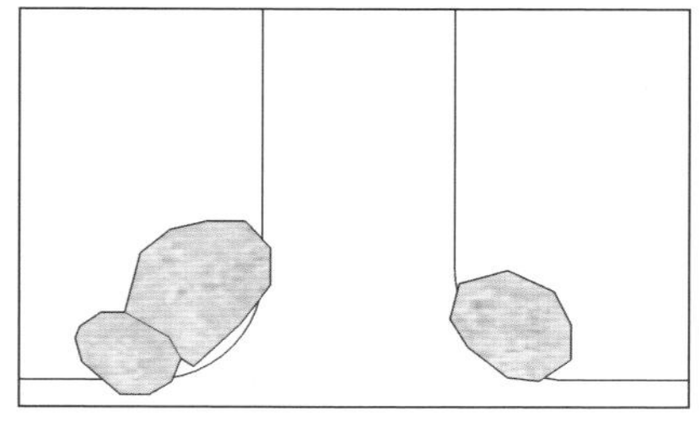

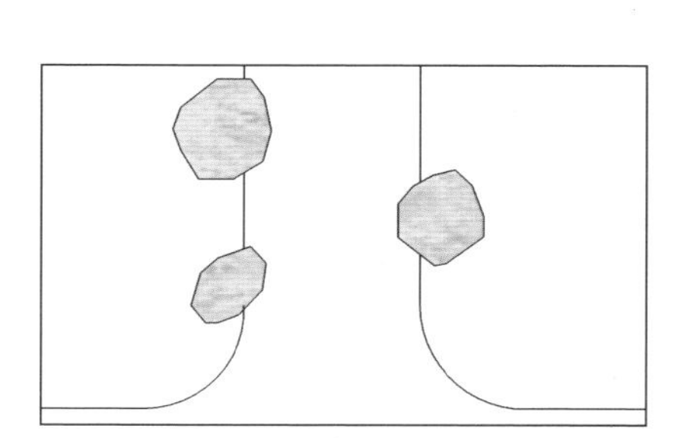

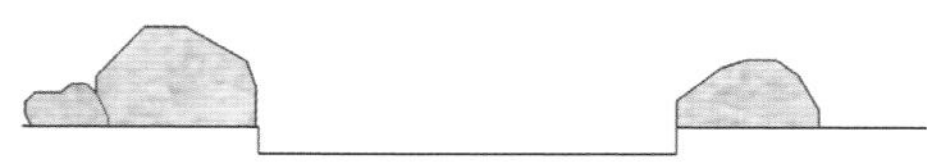

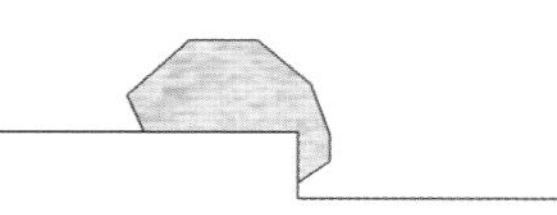

道路边上的景石如有多块需避免单块摆放，需成组合，形成呼应关系，也可以利用景石来过渡道路上不同的高差。

图 7-2-3

台阶两侧景石摆放

图 7-3-1-1

图 7-3-1-2

图 7-3-1-3

图 7-3-1-4

图 7-1-1

景石孤立且处在道路中间，影响通行存在安全隐患

图 7-1-2

景石漂在铺装面上，没有生根

图 7-1-3 / 图 7-1-4

道路两侧的景石形状和大小没有呼应关系，缺少植物搭配

图 7-2-1

道路两侧景石视线分析

图 7-2-2

景石与植物搭配，丰富景观立体层次

图 7-2-3 景石摆放关系示意

图 7-3-1 台阶两侧景石安放技巧

1 先根据台阶基础确定景石摆放位置

2 景石摆放

3 台阶完成面在收头时注意与台阶的收头处理

4 完成后效果

图 7-3-2 / 图 7-3-3

施工前后效果对比

图 7-3-2

图 7-3-3

图 7-4-1

图 7-4-2

图 7-4-3

图 7-4-4

自然式驳岸在摆放景石时首先要确定水面标高（自然水系要确定常水位线），有了标高才能确定景石与水面之间的高差关系，或隐或现。若无特殊要求，一般要控制在常水位线以下的景石摆放量，因为处在水位下基本不可见，效果不明显。

图 7-4-1

驳岸景石摆放时需根据常水位线确定其上下位置，不宜大量安置在水位线以下

图 7-4-2

景石驳岸摆放不宜过于均匀和规则，需要把握主次关系，凸显重点

图 7-4-3

景石位置与水位高差关系控制较好，加上植物的遮掩使得岸线若隐若现

图 7-4-4

景石位置与水位线关系示意

图 7-5-1 / 图 7-5-2

前后两次摆放的效果对比，第一次石块摆放过于均匀整齐，第二次强调在空间上的进出关系，悬挑出来的石材加强了岸线的深邃感

图 7-5-3 / 图 7-5-4

施工过程及完工后效果

图 7-5-1

图 7-5-2

图 7-5-3

图 7-5-4

项　　目：苏州．本岸
景观设计：上海意格

图 7-6-1

景石作为景观小品手提袋　摄于上海新嘉中心

图 7-6-2

景石作为水中行步　摄于苏州金域缇香项目

图 7-6-3

景石阵列　苏州本岸二期项目

图 7-6-2

图 7-6-1

图 7-6-3

PART 08 木作和铁艺

- 木作常见问题
- 弧形木坐凳工艺
- 铁艺常见问题
- 不锈钢池壁工艺参考

项　　目：苏州．本岸

景观设计：日本和计画

图 8-1-1

图 8-1-2

图 8-1-3

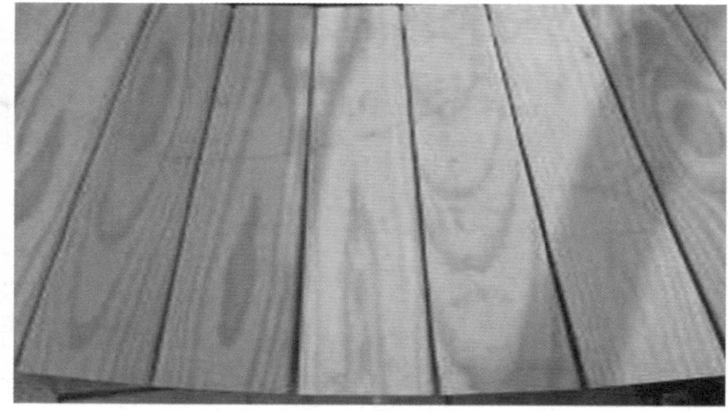
图 8-1-4

图 8-1-5

图 8-1-6

常见问题

1. 合理利用防腐木作为地面铺装，在人流量较集中的区域不宜大量使用，相比石材和景观砖等铺装，防腐木的耐候性和耐磨性还是要差一些；

2. 铺装排版不合理，特别是弧形铺装或者坐凳，板材宽窄不一；

3. 板材间隙不合理，缝隙过宽容易藏污纳垢不易清理，且女性穿高跟鞋行走容易陷住；

4. 面层采用沉头螺钉固定钉眼排列杂乱无序，深浅不一；

5. 木平台基础无找坡排水，龙骨未设置排水口，容易积水；

6. 防腐木防腐不到位，耐候性较差，容易变形起翘；

7. 上面漆时施工步骤不合理，正常步骤为：

表面污渍清理—砂纸打磨—腻子填缝（再次打磨）—涂底漆—涂面漆（可根据颜色深浅确定涂刷次数）。

弧形木坐凳工艺

1. 提前排版保证每块板材大小适宜，缝隙均匀

2. 每块板材都需要进行刨边处理，保证边缘光滑流畅不刮手

3. 面层木板宜采用暗藏的固定方式，保证面层光滑统一无钉眼，如图 8-2-1 木格栅先与扁钢进行榫接，然后由扁钢从下往上螺钉铆紧

图 8-2-1-1

图 8-2-1-2

图 8-2-1-3

图 8-2-1-4

图 8-2-2

图 8-2-3

图 8-2-4

图 8-1-1　花架立柱在上完面漆后的效果与确定漆面样板差异很大

图 8-1-2　坐凳上色不均匀，间隙部分未喷涂到位

图 8-1-3　弧形坐凳未按弧度加工成大小头形状导致板材间隙不均匀

图 8-1-4　弧形坐凳按照弧度均匀加工排版，效果较好

图 8-1-5　木板材变形严重，导致缝隙宽窄不一

图 8-1-6　若采用沉头螺钉固定，需要在面层提前划线，保证钉眼排列整齐均匀

图 8-2-1　弧形坐凳施工过程

图 8-2-2 / 图 8-2-3　不同弧形坐凳效果

图 8-2-4　木坐凳采用暗藏固定方式保证面层整齐统一

图 8-3-1

图 8-3-3

常见问题

1. 材料规格不合理，尺寸过大，壁厚超常规；

2. 固定方式不合理，围墙等部位的铁艺栏杆设计过多的固定点加大了现场施工难度，铁艺装饰件的固定方式外露影响观感，细节不到位；

3. 铁艺焊接面粗糙观感差；

4. 漆面喷涂不均匀，观感差。

涉及铁艺部分的详图，从材料规格、加工工艺到安装方式最好都交由专业厂家进行二次深化设计后再大面展开加工。

图 8-3-2

图 8-3-4

图 8-3-1　镀锌钢管栏杆弧度不流畅、有明显折角

图 8-3-2　咖啡色的铁艺栏杆与千层石

图 8-3-3　设计采用非常规材料，加大后期铁艺加工和安装难度

图 8-3-4　铁艺栏杆焊接粗糙，细节不到位

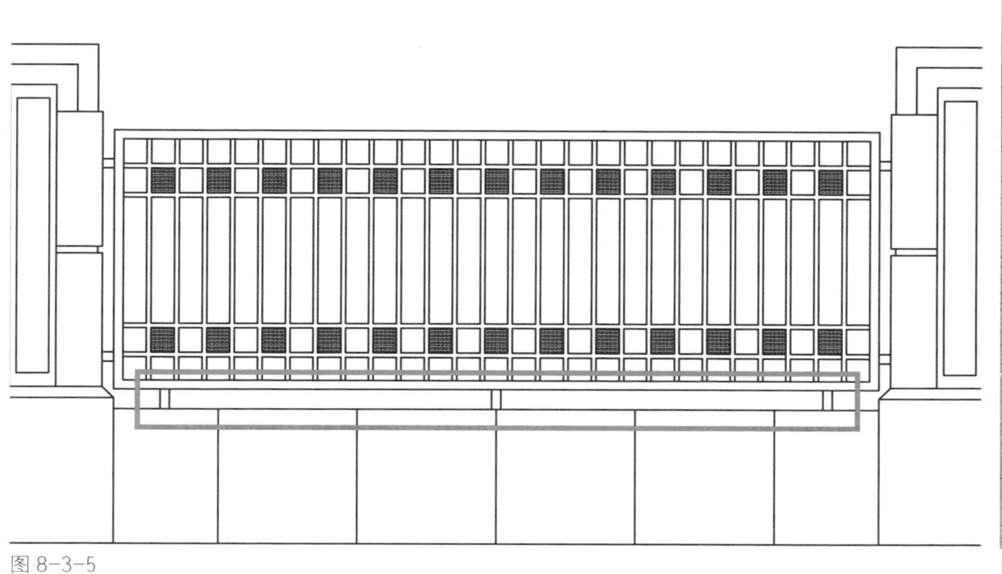
图 8-3-5

图 8-3-7-1

图 8-3-5 / 图 8-3-6

栏杆铁艺与墙体固定点在满足支持受力的情况下可适当减少，固定点过多加大了现场安装难度

图 8-3-7

墙面铁艺装饰件前后采用不同固定方式对比

1 直接从正面采用膨胀螺丝固定，螺帽可见细节不到位

2 调整后采用内六角螺丝从侧面固定，隐蔽性较好

（也可以采用从背面采用壁挂式固定方式）

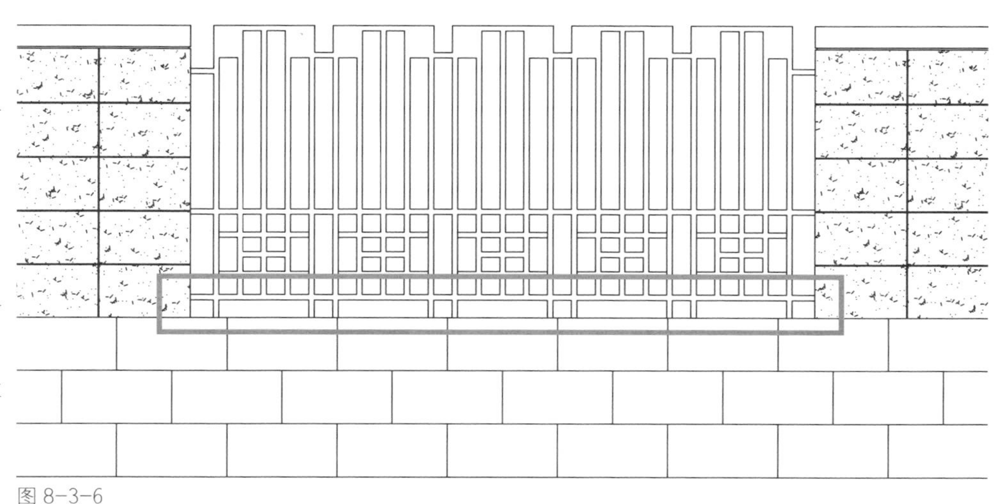
图 8-3-6

图 8-3-7-2

图 8-3-8

图 8-3-9

图 8-3-10

图 8-3-11

非机动车道、机动车坡道、人防地库上入口需根据“可踏面防护高度高于 105cm”的要求设置栏杆，栏杆不宜过高，与墙体高度总和满足 105cm 即可，栏杆过高，观感较差。防护栏杆要求造型简洁，不宜有过多曲折，沿栏杆边可种植黄馨、藤本月季等进行遮挡。

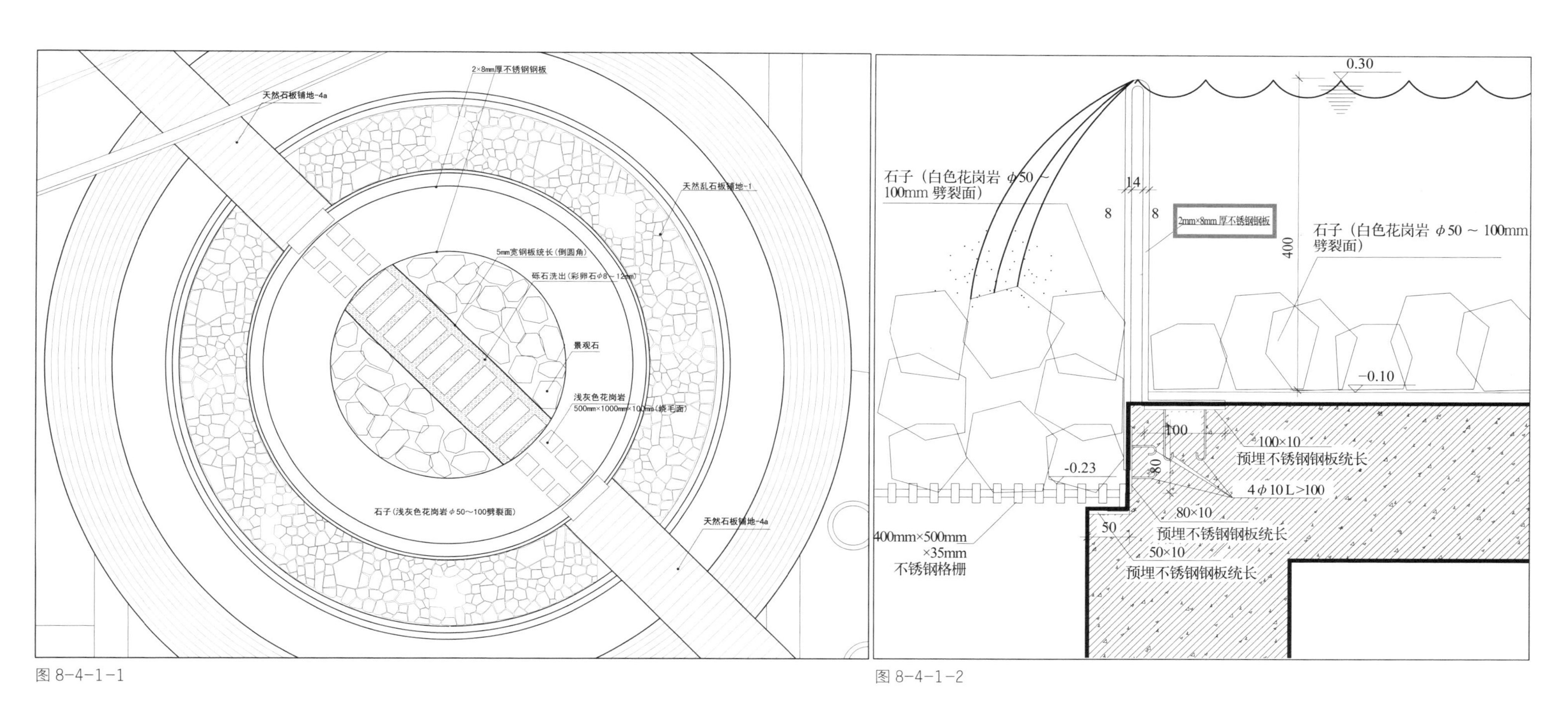

图 8-4-1-1　　图 8-4-1-2

不锈钢池壁注意事项

不锈钢板厚度不宜太厚，控制 3mm 厚左右即可，越厚加工难度越大。图 8-4-1 中水池形状为圆形设计，池壁设计采用的是 8mm 厚的不锈钢弯曲成型，8mm 厚的不锈钢板光是对折难度就很大，现在不光要对折同时还要弯曲控制弧度，难于实施。后来及时调整方案，将板厚改为 3mm 厚，将整圈池壁分为 8 等分，分段加工好后现场再进行焊接。

图 8-4-2-1
图 8-4-2-2
图 8-4-2-3
图 8-4-2-4
图 8-4-2-5
图 8-4-2-6

图 8-4-1
不锈钢池壁设计节点示意
1 平面图
2 池壁节点示意

图 8-4-2
不锈钢池壁施工过程
1 将池壁均分为标准段分别加工
2 现场焊接
3 打磨焊接部位
4 抛光焊接部位
5 不锈钢池壁与池底连接部位做好防水处理
6 基本完工状况

PART 09 水电综合

- 综合管线常见问题
- 卵石排水沟
- 雨水边井常见问题
- 雨水边井案例参考
- 沉砂池
- 建筑周边排水明沟
- 各类井盖常见问题
- 化妆井盖
- 化妆井盖案例参考
- 绿化取水点
- 配电箱及消防水阀处理
- 灯具安装常见问题
- 智能化安装常见问题

图 9-1-1

图 9-1-2

图 9-1-3

图 9-1-4

景观在现场施工过程中基本上能和所有工程端口交上圈，有关建筑立面等能看得见就不说了，最头疼的是隐蔽工程。现在各项目的配套功能日趋完善，配套设备一多地下各种管线关系就越错综复杂，管线越多导致景观用地就越少。图纸设计有水景的地方到了现场一看杵了一个电缆井；需要种棵树的地方，一锄下去发现埋了根水管，等等诸如此类现象层出不穷。

如何避免，总结相关经验和教训如下：

1. 提前交圈，景观方案提前参与，在基本确定景观方案后将总图发给其他专业端口，建筑、结构、暖通及智能化等，所有配套设施和管线设计以景观总图为基准图，能避开的一律避开，不能避开的提前反馈以便及时调整景观方案；

2. 现场落实，施工前协调各配套及管线进场时间，不得随意颠倒工序，很多时候待景观或绿化完工后才发现还有管线未预埋，造成大面积的返工，不仅费时费工，还产生大量的无效成本。

为保证观感效果，所有井盖尽量避免在硬质铺装面上，在绿化中间可以采用绿化双层井盖进行隐蔽处理，对效果影响不大，特别要杜绝的是阴阳井，一边在绿化里，一边在铺装中。

卵石排水沟常见于道路两侧及小型铺装广场的周边，不仅在功能上起到排水的作用，同时鹅卵石也起到铺装收边装饰作用。用鹅卵石作为排水沟需要注意以下几点：

1. 靠回填土一侧的挡板完成面需高出种植土 5cm，否则后期绿化浇水时容易将泥土带入卵石排水沟引起排水不畅；

2. 卵石铺设前需在基层盖板上铺设一层无纺布或其他同等材料，可以过滤一些泥土腐叶以防堵塞，也方便后期打理；

3. 需要及时清理掉落在卵石上的落叶及杂物，尽量避免靠近鹅卵石排水沟种植落叶小灌木，减少后期物业管理及维护力度。

图 9-2-1

图 9-2-2

图 9-2-3

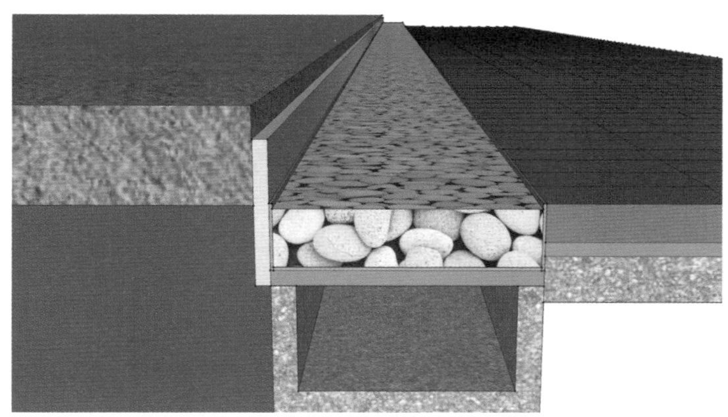
图 9-2-4

图 9-2-5

图 9-1-1　自来水管道埋深过浅影响行道树种植
图 9-1-2　智能化管线预埋过浅影响小苗种植
图 9-1-3　屋顶煤气管道走向与室外景观打架
图 9-1-4　各类管线统一综合考虑做到有组织预埋
图 9-2-1　黑色鹅卵石作为道路两侧的排水沟
图 9-2-2 / 图 9-2-3　后期管理维护不及时，卵石排水沟容易被腐叶和泥土堵塞影响排水功能和观感
图 9-2-4　卵石排水沟节点示意
图 9-2-5　卵石排水沟作为铺装和绿植之间的过渡带

图 9-3-1　图 9-3-2　图 9-3-3　图 9-3-4　图 9-3-5　图 9-3-6

图 9-3-1　雨水边井尽量避开停车位以免经常被轮胎碾压断裂

图 9-3-2　采用花岗石井盖厚度控制在 3cm 以上，开孔尺寸合理，不宜距边太近容易断裂

图 9-3-3　开孔密度太稀排水效果不佳

图 9-3-4　采用铸铁井盖，要控制井盖规格与平侧石一样

图 9-3-5　道路两侧雨水井宜采用侧排水形式，排水效果好且能避免井盖遭受轮胎碾压

图 9-3-6　人行道边缘的井盖可以采用成品定制加工的方式

图 9-4-1
图 9-4-2
图 9-4-3
图 9-4-4
图 9-4-5
图 9-4-6

图 9-4-1 道路侧排水
图 9-4-2 不锈钢收边加花岗石作为井盖
图 9-4-3 成品花岗石开孔作为井盖
图 9-4-4 不锈钢线性排水
图 9-4-5 不锈钢 + 花岗石线性排水
图 9-4-6 成品铁艺排水井盖

图 9-5-1

图 9-5-2

沥青道路及园路的排水可采用雨水井与 PVC 管或明沟相结合的形式，雨水井下部需要设置沉砂池，利用自然沉降作用，去除水中砂粒或其他比重较大的泥土，减少后期阻塞管道的风险。

雨水井位置施工时可根据现场实际情况进行调整，但必须保证所处位置在道路最低点，沉砂池后期需定期清理淤泥。

900mm × 250mm × 150mm 机切面芝麻黑花岗岩侧石

600mm × 300mm × 50mm 机切面芝麻黑花岗岩井盖

50mm 细石沥青

粘层油

80mm 粗石沥青

40mm 厚石灰粉煤灰稳定砂砾分两层夯实，最大粒径小于 10cm

300

150

600

150

C20 细石混凝土

沉砂池（600mm × 200mm × 100mm）

200

100

200

200

200

图 9-5-3

图 9-5-1　雨水边井未设置沉砂池

图 9-5-2　侧排水中的沉砂池及利用 PVC 管连接市政雨水井

图 9-5-3　雨水井节点示意图

原来建筑一层沿墙体常做 600mm 宽的散水用来保护建筑基座免受雨水浸泡，现在建筑都是钢筋混凝土墙、一层大多为架空层，散水越来越少见。但如果一层为住宅，沿建筑外墙必须要增加一道排水明沟，沟底完成面标高要比室内完成面低约 20cm，在近人尺度可以按照卵石排水沟形式在表面增加排水盖板和鹅卵石起到装饰作用。

图 9-6-1-1

图 9-6-1-2

图 9-6-2-1

图 9-6-2-2

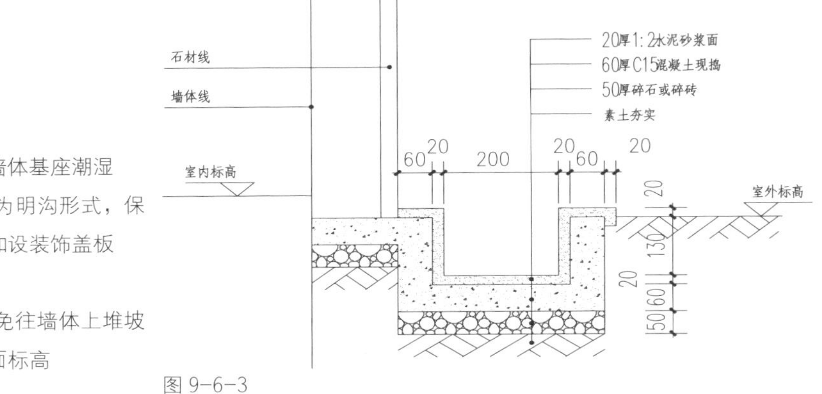

图 9-6-3

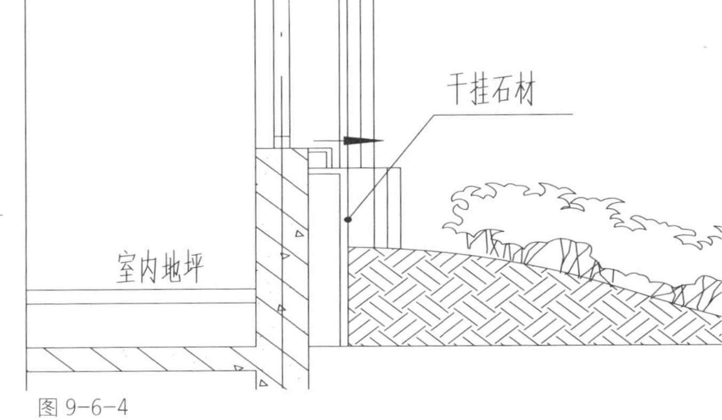

图 9-6-4

图 9-6-1　未设置排水明沟容易导致一楼户内墙体基座潮湿

图 9-6-2　沿建筑外墙设置的排水沟尽量设置为明沟形式，保证排水畅通，近人尺度可以在上面加设装饰盖板

图 9-6-3　明沟节点示意

图 9-6-4　若沿建筑墙体未设置排水沟，需避免往墙体上堆坡覆土，覆土最高点不超过室内完成面标高

图 9-7-1

图 9-7-2

图 9-7-3

图 9-7-4

图 9-7-5

图 9-7-6

注意事项：

1. 综合管线设计图必须在景观总图的基础上进行设计，主要管道走向管井位置必须避开主入口、单元出入口、水景等主要功能区；

2. 各检查井施工时须根据现场实际情况进行位置调整，尽量避开阴阳井；

3. 处在绿化中间的管井完成面需根据景观回土情况确定完成面标高，绿化中的井盖需处理成绿化双层井盖。

图 9-7-1　管井尽量避免在机动车道，井盖长期碾压容易松动产生异响

图 9-7-2　绿化中的管井井盖需用双层绿化井盖

图 9-7-3　管井位置尽量避免出现在单元出入口，避免出现阴阳井盖

图 9-7-4　管井完成面高度需与周边景观完成面保持一致

图 9-7-5　绿化中的管井标高需与周边回填土高度一致，超出部分需降低处理

图 9-7-6　铺装中的井盖饰面注意与周边铺装风格统一

室外综合管线较多，各类型管井所用井盖均不相同，为保证整体观赏效果，处在硬质铺装区的井盖需做适当的装饰处理。所谓化妆井盖是通过不锈钢作为基座托盘，面层铺装采用同井盖周边相同饰面材料加工而成的井盖。

图 9-8-1-1

图 9-8-1-2

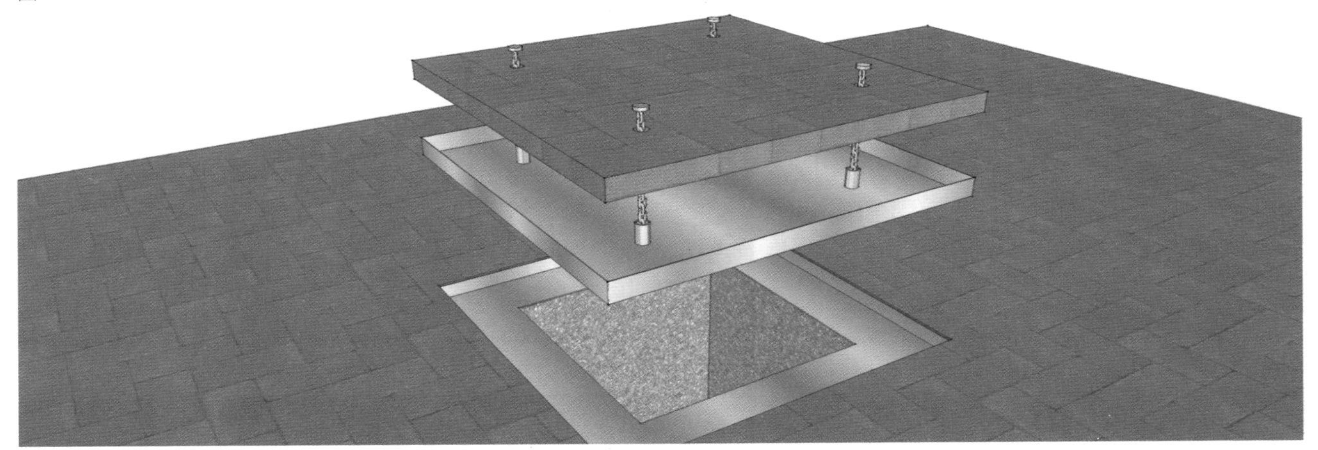

图 9-8-2

图 9-8-3-1

图 9-8-3-2

图 9-8-1　化妆井盖施工过程
1 不锈钢托盘暗藏在基座当中
2 完工后效果只露出不锈钢拉索的帽扣
图 9-8-2　化妆井盖节点示意
图 9-8-3　园路采用化妆井盖效果前后对比
1 处在道路中间的各类原始井盖
2 采用化妆井盖后与道路铺装风格统一

图 9-9-1-1

图 9-9-1-2

图 9-9-1-3

图 9-9-1-4

图 9-9-1-5

图 9-9-1-6

图 9-9-2

图 9-9-3-1

图 9-9-3-2

图 9-9-1　各类铺装井盖案例

图 9-9-2　绿化中间的双层井盖

图 9-9-3　采用 GRC 景石作为井盖的装饰物

图 9-10-1

下沉式保洁取水点

为方便园区内的保洁工作，有条件的建议在架空层内设置拖把池；若一层均为住户，建议园区内间隔 200m 设置下沉式保洁取水点。

图 9-10-2

下沉式保洁取水点做法

保洁取水点由井盖及井体组成，井盖可结合项目 LOGO 设计排水口，井体下沉 300mm，内设龙头及排水口，内备水管方便取水。

图 9-10-3

绿化取水点以半径 30m 为宜，需设置保护套筒及盖板，设置位置需避开密植的灌木以及中大型乔木组合，管径大于 50mm。

图 9-10-1-1

图 9-10-1-2

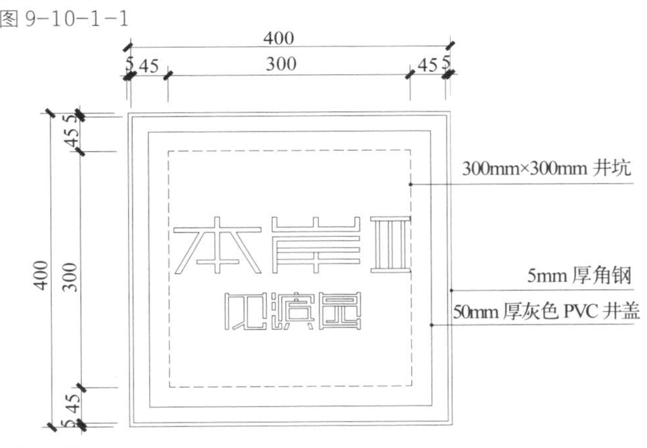

图 9-10-2-1

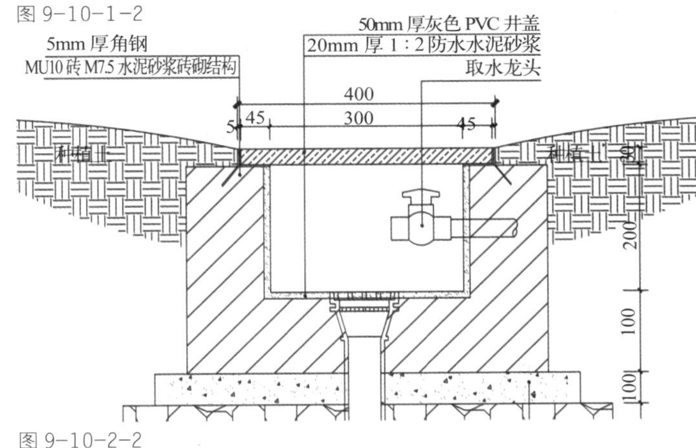

图 9-10-2-2

图 9-10-3-1

图 9-10-3-2

配电箱及消防水阀处理

图 9-11-1-1

图 9-11-1-2

图 9-11-2

图 9-11-3

图 9-11-4

图 9-11-5

图 9-11-1　配电箱利用绿植遮挡前后对比

1 未处理前效果

2 在主要视线面上种植中层次小乔木进行遮挡

图 9-11-2　配电箱位置现场定位时尽量避开近人尺度范围，选择建筑、架空层等隐蔽位置

图 9-11-3　配电箱外利用铝合金百叶作为装饰面

图 9-11-4 / 图 9-11-5　消防水栓处理前后效果对比

图 9-12-1-1

图 9-12-1-2

图 9-12-2-1

图 9-12-2-2

图 9-12-3-1

图 9-12-3-2

图 9-12-1　地埋灯必须考虑与铺装的对缝关系

图 9-12-2　草坪灯应选取合适的位置，不能被灌木覆盖，影响灯光效果

图 9-12-3　灯座基础过高，观感较差；必须埋入土内，以绿化覆盖。安装位置需保证距离道路 50cm 以上

图 9-12-4-1

图 9-12-5-1

图 9-12-6-1

图 9-12-4-2

图 9-12-5-2

图 9-12-6-2

图 9-12-4　住宅区内不宜安装高功率射树灯造成光污染，射灯角度需避免直射住户门窗，灯线需隐藏

图 9-12-5　水池壁灯、射灯无特殊设计均选用地埋式款样，避免灯线外露观感较差

图 9-12-6　台阶正面尽量不设置灯具，安装在侧壁为宜

图 9-13-1

图 9-13-2

图 9-13-3

注意事项：

1. 智能化单位需与景观及建筑专业及时交圈，确定刷卡器、可视对讲及信报箱等面板的安装位置。

2. 景观单位需提供立面图，不能出现无平台站立的情况。

3. 小区入口人行刷卡若设置在外侧需考虑雨棚等挡雨措施。

图 9-13-1　智能化面板、报箱、电表箱统一考虑

图 9-13-2　未考虑控制面板的安装高度及位置

图 9-13-3　设计时需考虑刷卡器上方挡雨

项　　目：苏州·长风别墅
景观设计：上海意格

致 谢

本书重点探讨硬质景观细部处理技巧，从材料选样到地面铺装分缝处理，从墙体饰面到压顶形式，从水景池壁处理到灯具安装方式等，每一章节中的案例说明都配有现场照片或设计节点示意图，案例基本上都来自于作者本人亲自参与的项目，少数案例选自对同行的考察项目。所用到的照片也绝大多数为作者亲自拍摄，部分案例图片由同事汤若静和王夙提供，另外有几张照片选自互联网，由于时间原因未一一联系到图片原作者，在此一并致谢！

在本书即将完稿之际，感谢苏南万科的全体同事，有这个强有力的团队作为我坚强的后盾才使我在编写本书时充满激情和能量；感谢景观组所有同事对案例图片的收集和分享，特别是汤若静对本书第八、九章的精细排版；感谢孙日刚、李正天两位好友对本书结构提出的诸多建议；感谢陈天花对全书的严谨校对；感谢上海国坤张爱明先生对于景观施工经验的不吝分享。

在本书整理过程中深感知识匮乏，其中存在的不足和错误恳请广大读者不吝赐教，以便在修订时进行改正，谢谢！